KB126920

# 우크라이나 전쟁의 해부

# 우크라이나 전쟁의 해부

고이즈미 유 지음 | 김영배 옮김

허클베리북스

# '세계의 종말'을 기다리던 장소에서

"이봐, 거기 일본인 이리로 보내!"

기념품 가게 앞에 서 있는 사내가 소리를 높이자 낡아빠진 군복을 입은 다른 남자가 되받아쳤다.

"이쪽이 먼저야!"

우크라이나의 페르보마이스크에 있는 '국방부 부속 전략 로켓군 박물관'에서 있었던 한 장면이다.

이곳은 예전의 대륙간 탄도미사일ICBM 발사 기지 겸 사령부를 그대로 박물관으로 개조한 시설이며 지금은 미리 신청하면 누구나 견학할 수 있다. 2019년 6월 어느 날, 필자는 우크라이나 군사박물관 투어의 해설자로 이 박물관에 열댓 명의 일본인과 같이 방문했다.

비교적 한가로운 곳이다. 우크라이나 한가운데 위치한 페르보마이스크는 초여름이었고 주위에는 보라색 라벤더꽃이 만발해 있었다. 한때 이 기지 지하에 10발의 고성능 핵탄두를 탑재한 거대한 미사일이 배치되어 숨죽이며 세계의 종말을 기다리고 있었다고는 도저히 믿어지지 않았다.

박물관 직원들도 매우 느긋하다.

직원들은 그냥 관리인이 아니라 소련 시대에는 실제로 ICBM을 운용하고 있었던 라케치크(미사일 부대원)들이다. 제3차 세계대전에서 싸워야 한다는 악몽 같은 임무에서 벗어난 지금은 관람객들에게 기지의 역사를 해설하거나 설비를 수리하는 일을 주업무로 삼고 있다. 그리고 필자의 눈앞에 있는 남자…. 좀 전에 "이쪽이 먼저야!"라고 소리친 그 사내는 이 박물관의 관장, 아니 사령관이었다.

"이건 기지 엠블럼이 새겨진 머그잔, 이건 기념 메달."

책상 위에 여러 가지 물건을 진열해 놓고 있다. "잠깐 이쪽으로"라며 방으로 들어가라고 했을 때는 약간 긴장했지만 알고 보니 별일이 아니었고 관광객에게 기념품을 팔기 위함이었다. 가격은 일본 엔화로 몇백 엔 정도. 이것이 박물관 운영비가 되는지 사령관 주머니로 들어가는지는 알 수 없지만(아마도 후자일 것이다) 그야말로 소소한 장사다.

"이 박물관에 대한 자료는 없나요?"

필자가 묻자 사령관은 "있지" 하면서 책상 서랍에서 얇은 팸플릿을 꺼냈다. 질이 좋지 않은 종이를 세 면으로 접은 것. 자세한 도록을 기대했던 필자는 실망했지만 결국 머그잔과 같이 사서 사령관실에서 나왔다.

밖에서는 기념품 가게의 아까 그 사내가 기다리고 있었다. 이 사내는 군인인지 어떤지 잘 모르겠지만 붙임성 하나는 좋다.

"이건 소련군 가스마스크, 진품이지. 모피 모자도 있어. 가죽으로 만든 지도 커버는 어때? 당신, 러시아어 할 줄 아는군? 뭐! 부인이 러시아 사람이라고! 이름은? 그렇군. 아이들은 있고? 말라젯(훌륭하군)!

딸이라고? 이름이 뭐야?"

물론 기념품을 파는 일은 박물관의 주업무가 아니다. 과거의 ICBM 기지를 부정적 역사 유산으로 보존하는 것이 이 박물관에 주어진 사명이다.

전직 라케치크 직원의 안내를 받으며 작은(정말로 작은) 엘리베이터로 지하로 내려가자 ICBM 발사 관제 장치가 있었다. 전직 라케치크가 익숙한 동작으로 전원을 켜자 회색으로 칠한 금속 제어판의 플라스틱 버튼과 표시판에 불이 들어왔다.

"해봅시다, 이게 발사 버튼. 3, 2, 1 하면 눌러주세요. 3, 2, 1, 발사!"

물론 미사일이 발사되지는 않는다. 이 발사 관제실에서 조금 떨어진 장소에 있는 지하 발사관의 미사일은 이미 제거되었으며 그 주위에 10Km 간격으로 있었던 발사관도 미국-러시아 군축 조약에 따라 모두 파괴되었다. 박물관은 문자 그대로 박물관으로만 기능하고 있었다.

## 돌아온 대전쟁

21세기의 세계는 이럴 거라고 다들 예상했다. 라케치크들은 더 이상 세계의 종말을 기다리지 않게 되었고 외국인 관광객에게 머그잔과 쓸모없어진 가스마스크를 판다. 전쟁이 사라진 것은 아니지만 국가와 테러 조직 간의 비대칭 전쟁일 뿐 격렬한 총력전은 이제 일어나지 않는다. 거대한 군대끼리 격렬하게 부딪치거나 국민을 총동원하는 대전쟁은 역사 교과서에나 나오는 사건이 되었다. 이렇게 생각한 것은 필자만이 아니었다.

영국 육군 전차 장교이며 후에 유럽연합군 부사령관을 지낸 루퍼트 스미스는 그의 저서 『전쟁의 패러다임: 무력의 유용성에 대하여』의 도입부를 "이제 전쟁은 존재하지 않는다"라는 도발적인 문장으로 시작한다.

스미스에 의하면 "많은 일반 시민들이 경험적으로 알고 있는 전쟁, 즉 전쟁터에서 교전국 쌍방의 병사가 무기를 들고 싸우는 전쟁, 국제적인 분쟁을 결판내고 승부를 가르기 위한 전쟁, 이러한 전쟁은 이제 존재하지 않는다"(Smith, 2005). 핵무기의 등장과 국제 질서의 변화에 따라 국가 간의 대규모 전쟁은 이미 과거가 되었다는 것이다.

대규모 국가 간 전쟁은 더 이상 있을 수 없고 전쟁은 국가 대 비국가 주체에 의한 '비대칭 전쟁'이거나 비군사적 수단을 동원하는 '전쟁 같지 않은 전쟁'으로 변화할 것이라는 주장은 스미스뿐만 아니라 냉전이 끝난 후 30년간 여러 번 반복되어왔다. 그 최신 버전은 숀 맥페이트(미국방대학 교수)의 주장이다. 그는 원자력 항공모함도 F-35 전투기도 필요 없으며, 그런 것들보다는 대테러 전쟁을 위한 특수부대를 대폭 증강해야 한다고 주장했다(McFate, 2019).

*

그러나 2022년 2월 24일 시작된 러시아의 우크라이나 침공은 이런 미래 예측과는 크게 동떨어진 것이었다.

앞으로 이 책에서 살펴볼 전쟁은 제2차 세계대전 이후 벌어진 몇 안 되는 대규모 전쟁 가운데 하나이며 특히 21세기에 들어와서는 최대 규모의 전쟁이다. 이 책을 탈고하기 직전 러시아의 블라디미르 푸틴 대통령은 부분 동원령을 발동하고 제1차 동원에만 30만 명의 시민들을 군에 소집했다. 최종적인 동원 규모가 100만 명에 이를 것이라는 견해도 있다. 어쨌든 러시아가 이 정도 대규모로 동원하는 것은 제2차 세계대전 이후 처음이다.

이 전쟁의 '크기'는 현재 진행 중인 여러 분쟁과 비교해 보면 명확하게 알 수 있다. 전세계의 군사 분쟁에 관한 정보를 수집, 분석하고 있는 '분쟁 지역 및 사건 데이터 프로젝트ACLED'에 따르면 2022년 2월부터 9월 사이에 발생한 전투는 전세계에서 1만 8061회에 이르며, 이 가운데 우크라이나에서 일어난 전투 발생 횟수가 3170회로 가장 많다. 즉 전세계에서 일어나고 있는 전투의 약 6분의 1이 우크라이나에 집중되어 있다. ACLED 데이터에는 마약 조직 등이 일으킨 것도 포함되어 있기 때문에 국가 간 전쟁의 범주로만 보면 그 비율은 더욱 높아질 것이다.

## 이 책의 주제와 구성

결국 전쟁은 결코 역사의 뒤안길로 사라지지 않았다는 사실을 이번 전쟁이 가르쳐 주고 있다. 테크놀로지 진화와 사회 변화에 따라 투쟁의 방법은 다양하게 '확장'되어 간다. 그러나 그것이 곧 대규모 군대 간의 폭력 투쟁이라는 가장 고전적인 투쟁 방식이 사라짐을 의미하지는 않는다.

이렇게 큰 전쟁은 도대체 왜 일어났는가? 이 전쟁의 본질은 무엇인가? 전장에서는 무슨 일이 벌어지고 있으며 앞으로 일본을 포함한 세계에 어떤 영향을 미칠 것인가? 이것이 이 책의 문제의식이다.

이 책의 진행 방향은 다음과 같다.

우선 제1장, 제2장은 이번 전쟁이 일어나기 전 일 년간에 초점을 맞추어서 전쟁에 이르는 과정이 어떻게 전개되었는지 알아본다. 이 과정에서는 러시아가 결정적인 역할을 했다. 특히 러시아의 푸틴 대통령은 개전 전인 2021년 7월 무렵부터 우크라이나에 대한 민족주의적인 야망을 노골적으로 드러내기 시작했으며 그 직후부터 전쟁 준비에 박차를 가했다. 한편 우크라이나도 러시아에 대해 나름대로 강경 자세를 취했으나 그것이 전쟁의 근본적인 원인은 아니었다는 것을 미리 밝혀둔다.

제3장과 제4장은 2022년 2월 24일의 개전부터 이 책 탈고 시점(2022년 9월 말)에 이르기까지 7개월을 대상으로 전황의 추이를 살펴보고 전황을 이끈 주된 요인은 무엇이었는지 알아본다. 낙관적 전망을 바탕으로 한 러시아의 작전 계획과 그 파탄, 그에 이은 격렬한 전투, 유럽과 러시아의 상호 억지 등을 중심으로 논의를 전개해 나간다. 이 책은 현재 진행 중인 사건을 관찰하면서 집필했기 때문에 출판되기 전에 크게 변화된 부분, 후에 밝혀진 사실 등이 빠져 있을 가능성이 있다는 점을 미리 양해를 구하고자 한다.

제5장에서는 약간 각도를 바꿔서 고찰해본다. 필자는 2021년에 냉전 후의 러시아 군사이론을 다룬 『현대 러시아 군사전략』을 발간한 바 있다. 러시아가 대규모 전쟁을 어떻게 수행하려고 하는가가 중심 주제였다. 그 책에서는 어디까지나 가능성의 문제였으나 이번 전쟁으로 현실이 되었다.

그렇다면 실제로 러시아의 전쟁 수행을 이론적으로 어떻게 이해할 것인가, 이론 중에서 무엇이 실현되고 무엇이 실현되지 않았는가 하는 것이 제5장의 중심적인 검토 대상이다. 결론적으로 테크놀로지와 비군사적 수단을 동원한 혁신적인 투쟁 방법보다는 병력과 화력을 중심으로 한 매우 고전적인 전쟁으로 이해할 수 있다는 점을 논했다.

또한 제5장에서는 이 전쟁의 원인에 대해서도 살펴보았다. 그 결론은 제1장, 제2장에서 언급한 바와 같다. 즉 푸틴이 주장하는 '우크라이나는 네오나치 사상에 물들어 있다'는 주장에는 객관적인 근거가 없고 나토NATO(북대서양조약기구)의 확장이 임박한 것도 아니었고 러시아의 안전이 심각하게 위협받고 있었던 것도 아니었다. '푸틴의 야망' 같은 민족주의적인 요인을 넣지 않으면 러시아의 전쟁 동기에 대해 설명하기는 어렵지 않을까? 다만 그런 요인을 넣어서 생각해봐도 러시아가 우크라이나를 침공한 날짜가 왜 2022년 2월 24일이었는지는 역시 설명이 안 된다. 이 점에 대해서도 함께 살펴보았다.

## 당사자의 시점

필자에게는 이 전쟁이 완전히 남의 일이라고 할 수 없다.

필자는 이 전쟁이 시작되기 전부터 공개출처정보OSINT와 위성 화상 분석 수법을 이용하여 러시아의 군사 동향을 추적하고 있었으며 미디어 취재에도 자주 응하고 있었다. 처음에는 순수하게 군사적인 관점에서 전황을 해설했지만 점점 러시아의 주장이 옳은 것인지, 우크라이나의 저항이 옳은 것인지, 일본은 어떻게 대응해야 하는지 등 정치적인 주장을 해야 하는 상황이 많아졌다. 이런 의미에서 필자가 전쟁에 관한 여론 형성에 한몫했다는 점을 부인할 수 없다.

그러나 사회적 현상인 전쟁에 관해서 전혀 편견 없이 논한다는 건 불가능한 일이 아닐까? 필자는 우크라이나에 대해 약자에 대한 동정심을 가지고 있지만 어디까지나 일본의 안전보장에 득이냐 실이냐 하는 관점에 서 있다. 본서는 이러한 필자의 입장과 일본인으로서의 득실을 토대로 이번 전쟁을 검토한 책이며 그 평가는 독자에게 맡길 수밖에 없다.

## 약간의 보충 사항

이 책에서는 2022년에 일어난 이번 전쟁을 '제2차 러시아-우크라이나 전쟁'이라고 명명한다. 또 2014년에 일어난 러시아의 크림반도 강제 '합병'과 동부 돈바스 지역 분쟁은 '제1차 러시아-우크라이나 전쟁'으로 부른다. 다시 말하면 이번 전쟁은 갑자기 일어난 것이 아니고 이미 선행 징조가 있었다고 본다는 말이다. 그러나 이 책에서는 이러한 전사(前事)에 대해서는 거의 언급하지 않았다. 제1차 러시아-우크라이나 전쟁에 관해서는 『현대 러시아 군사전략』에서 이미 다루었으며 그 밖에도 많은 훌륭한 해설들이 있기 때문이다.

더욱이 러시아와 우크라이나의 관계를 논하려면 9세기의 키예프 루스 시대까지 올라가야 한다. 소련 시대 우크라이나의 위상, 제2차 세계대전과 우크라이나의 관계, 냉전 후 러시아-우크라이나 관계도 이번 전쟁을 이해하기 위한 중요한 실마리가 될 수 있으며 푸틴의 주장에도 이런 역사적 경위가 강하게 작용하고 있다. 다만 군사전문가인 필자는 역사 문제에 관해 언급하는 일에는 적임자가 아님이 분명하므로 그것에 대해서는 선행연구에 양보할 수밖에 없다고 판단했다.

현재 우크라이나는 역사·문화·종교·언어 면에서 적지 않은 부분을 러시아와 공유하고 있다. 특히 언어 면에서는 많은 국민(여러 설이 있지만 최소 약 3할에서 최대 절반 정도)이 러시아어를 모어로 하고 있다. 제2차 러시아-우크라이나 전쟁이 시작된 이래 일본 정부와 미디어가 인명과 지명 표기를 일제히 우크라이나 발음으로 바꿨으나 이 책에서도 이것을 따를 것인지 하는 점에 대해서는 앞서 말한 이유 탓에 약간 망설여진다.

현재 우크라이나 정부는 우크라이나어를 유일한 공용어로 삼고 있다. 예를 들어 수도를 러시아식의 '키예프'가 아니라 우크라이나 식인 '키이우'로 발음하고 있는 것에는 어느 정도 합리적인 이유가 있다. 러시아어를 모어로 삼고 자란 우크라이나 대통령 블라디미르 젤렌스키를 볼로디미르 젤렌스키로 표기하는 것도 마찬가지다.

하지만 제2의 도시인 하리코프(우크라이나어로는 하르키우), 동부의 도네츠크(도네치크)와 루간스크(루한스크), 흑해에 면한 항구 도시 오뎃사(오데사) 등은 어떨까.

이 지역에는 러시아계 주민이 많고, 적지 않은 주민이 러시아어를 모어로 하고 있다. 이런 도시의 지명과 주민의 이름을 일률적으로 우크라이나어로 표기하는 것은 그곳에 사는 사람들의 아이덴티티를 부정하는 것은 아닐지. 실제로 제1차 러시아-우크라이나 전쟁 발발 후에 '지역 언어법'이 폐지되고 러시아어가 우크라이나의 공용어에서 제외된 점은 러시아 정부와 우크라이나의 러시아계 주민, 그리고 유럽 의회로부터도 비난을 받았다.

그럼에도 이 책에서는 우크라이나의 지명, 인명 등은 원칙적으로 우크라이나어 발음법에 따라서 표기하기로 했다. 러시아식과 우크라이나식 가운데 어느 쪽을 채택할지 일일이 판단하는 일이 현실적으로 어렵다고 판단했기 때문이다. 이 점에 대해서는 이론이 없으리라고 본다. 이는 어디까지나 마감 시한 내에서 책 한 권을 완성하기 위한 기술적인 조치의 하나라는 점을 밝혀둔다.

마지막으로 이 책에는 군사 용어와 무기 명칭이 많이 나온다. 아마 일반 독자가 읽기에 쉽지 않을 거라고는 생각하지만 그 부분은 크게 신경 쓰지 않기로 했다. 이 책은 전쟁을 다루는 책이고 여기서 가장 큰 비중을 차지하는 군사력에 관해 충분히 논의하는 일이야말로 필자가 할 수 있는 가장 큰 공헌이라고 생각했기 때문이다. 가능하면 독자들이 이미지를 그리기 쉽게 쓰려고 노력했고 또한 너무 과하게 전문적인 글이 되지 않도록 신경을 썼다. 그러나 어느 정도는 전문적인 데까지 언급할 수밖에 없었다는 점을 이 같은 사정을 고려하여 양해해 주시기 바란다.

[그림1] 러시아군의 군관구와 주변 국가의 위치 관계

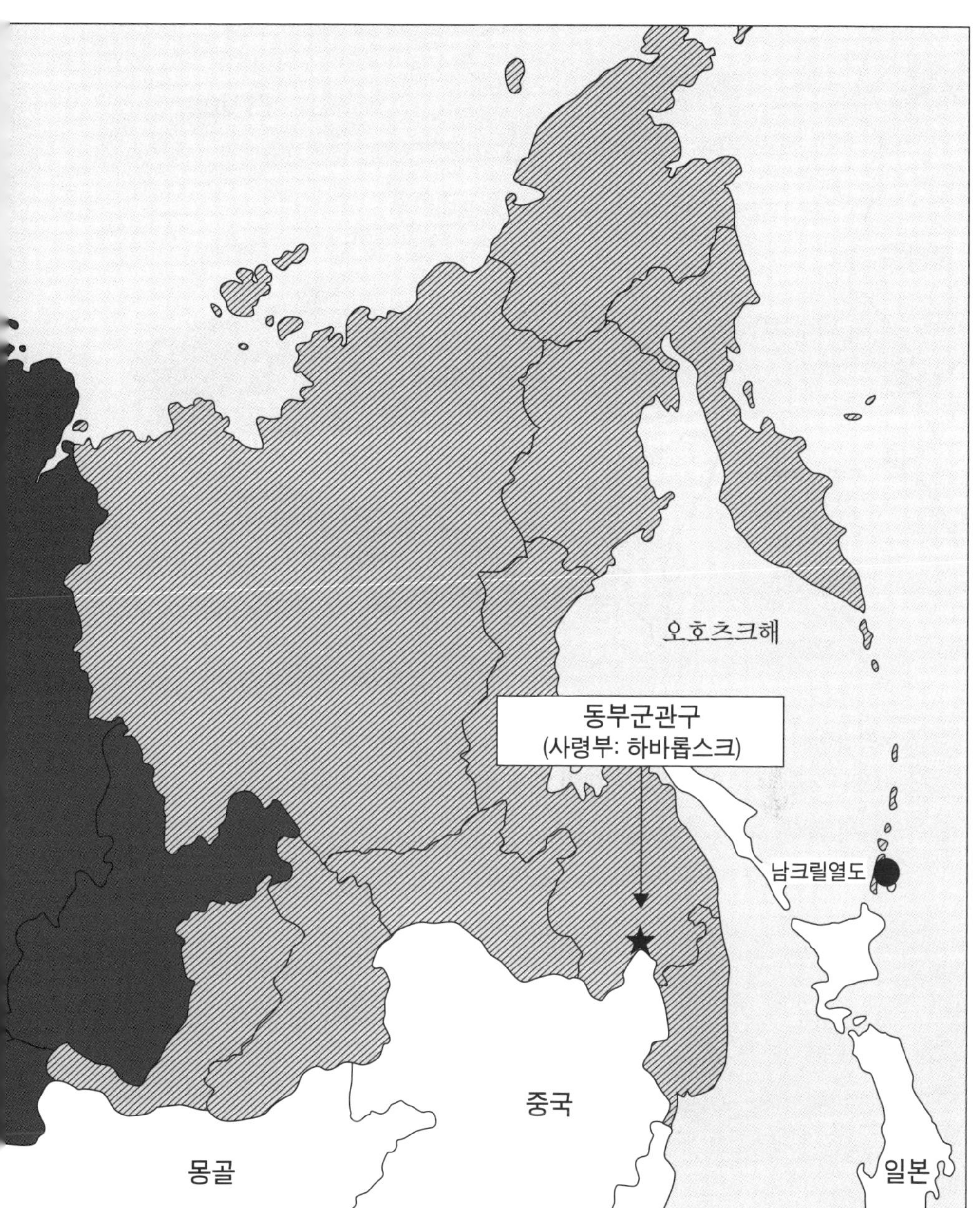
오호츠크해
동부군관구
(사령부: 하바롭스크)
남크릴열도
중국
몽골
일본

[그림2] 우크라이나 전 국토 지도 및 전선(미국 싱크탱크 '전쟁연구소'의 자료를 바탕으로 작성, 2022년 10월 4일 기준)

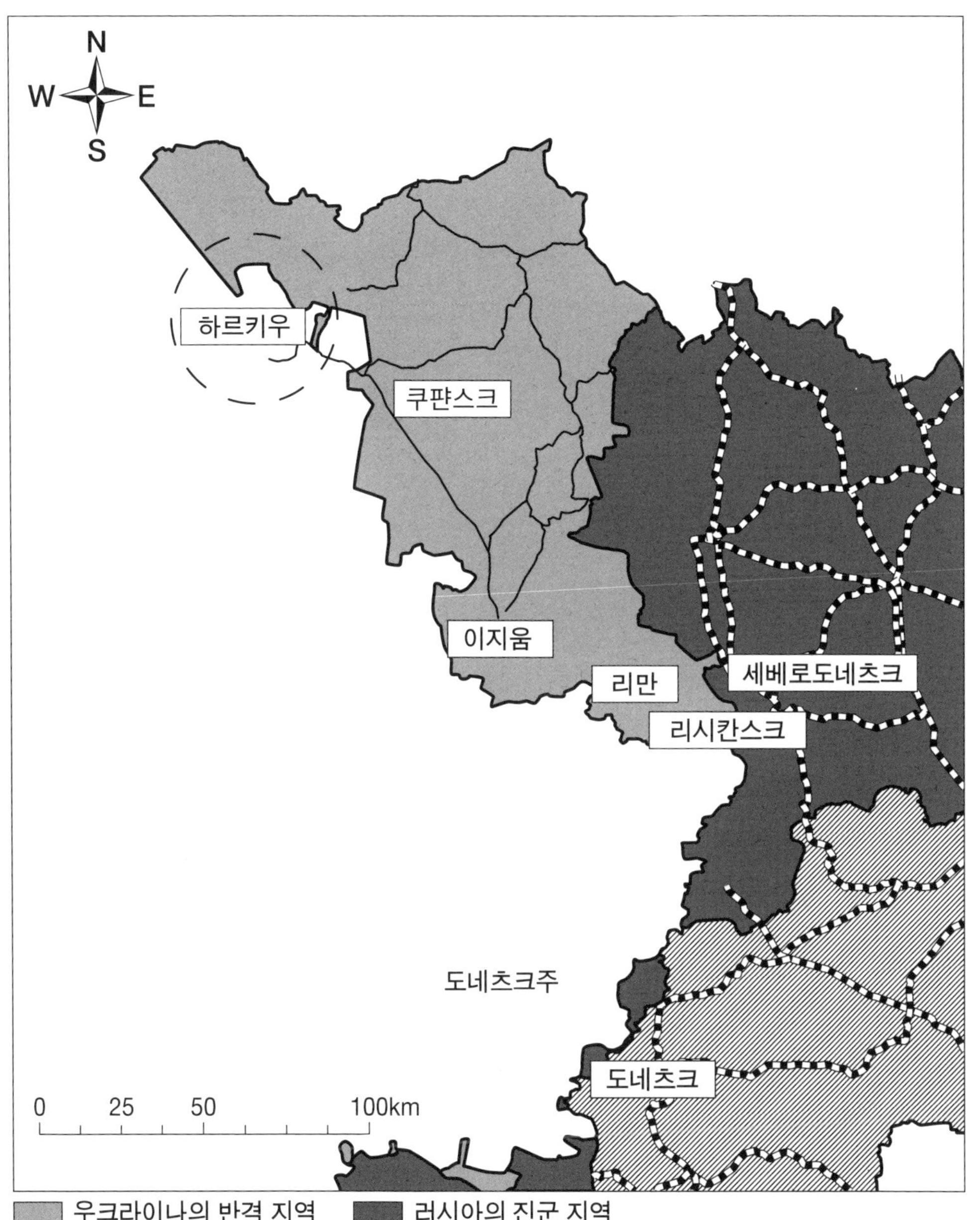


[그림3] 우크라이나 하르키우를 둘러싼 전선(미국 싱크탱크 '전쟁연구소'의 자료를 바탕으로 작성.2022년 10월 4일 기준)

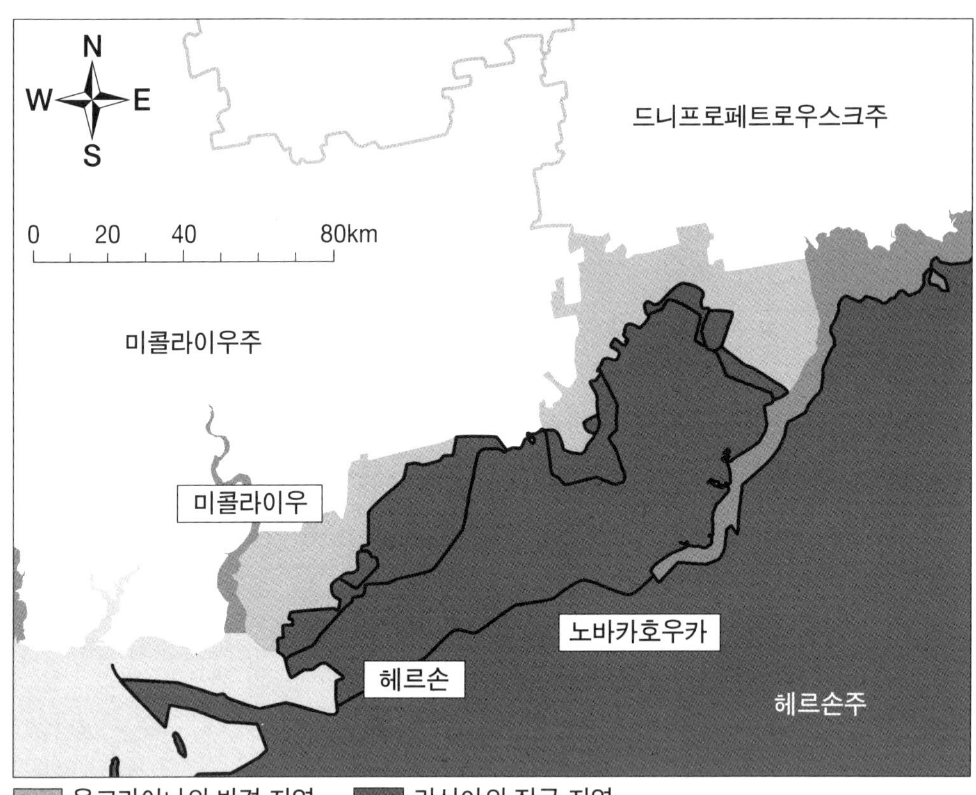


[그림4] 우크라이나 헤르손을 둘러싼 전선(미국 싱크탱크 '전쟁연구소'의 자료를 바탕으로 작성.2022년 10월 4일 기준)

약어표

| | |
|---|---|
| 4GW | 제4세대 전쟁 |
| ACLED | 분쟁 지역 및 사건 데이터 프로젝트 |
| BTG | 대대전술단 |
| BWC | 생물무기금지조약 |
| CAATSA | 제제를 통한 미국의 적국에 대한 대응법 |
| CSIS | 전략국제연구센터 |
| DCFTA | 포괄적 자유무역지역 |
| DDoS | 분산 서비스 거부 |
| EEAS | 유럽대외관계청 |
| EU | 유럽연합 |
| FSB | 러시아 연방보안국 |
| GOMU | 러시아 참모본부 조직동원총국 |
| GRU | 러시아 참모본부 정보총국 |
| GUR | 우크라이나 국방부 정보총국 |
| HARM | 고속 대 레이더 미사일 |
| HIMARS | 고속 기동 포병 로켓 시스템 '하이마스' |
| IAEA | 국제원자력기관 |
| ICBM | 대륙간 탄도미사일 |
| IDDCU | 우크라이나국방 국제 기부자 회의 |
| IPSC | 국제평화안보센터 |
| IPW | 전쟁의 가장 초기 단계 |
| ISR | 정보·감시·정찰 |
| KGB | 소련국가보안위원회 |
| MANPADS | 보병 휴대용 지대공 미사일 |
| MLRS | 다연장 로켓 시스템 |
| NATO | 북대서양조약기구 '나토' |
| NFZ | 비행금지구역 |
| OHCHR | 유엔 인권최고대표사무소 |
| OSCE | 유럽안전보장협력기구 |
| OSINT | 공개출처정보 |
| PfP | 평화를 위한 파트너십 |
| PGM | 정밀유도무기 |
| SBU | 우크라이나 국가보안국 |
| SEAD/DEAD | 적 방공시스템 제압/파괴 |
| SLBM | 잠수함 발사 탄도미사일 |
| SMM | 우크라이나 감시단 |
| SVR | 러시아 대외정보국 |
| TCG | 3자접촉그룹 |
| UAV | 무인항공기 |
| VDV | 러시아 공수부대 |
| VLF | 초장파 |

■ 차례 ■


시작하며 — '세계의 종말'을 기다리던 장소에서 ··· 4

돌아온 대전쟁 6 | 이 책의 주제와 구성 8 | 당사자의 시점 10 | 약간의 보충사항 11

1부

**2021년 봄의 군사적 위기** — 2021년 1월~5월

1. 바이든 정권 수립 후 미국-러시아 관계 ··· 27

집결하는 러시아군 27 | 어이없는 결말 29 | 트럼프의 퇴장에 신경이 날카로워진 러시아 30 | 견제는 효과가 있었는가? 32 | 우크라이나 게이트 35 | 나발니 팩터 36

2. 젤렌스키 정권과의 관계 ··· 39

코미디언 vs 스파이 39 | 슈타인마이어 방식에 대하여 40 | 궁지에 몰린 젤렌스키 43 메드베드추크의 정계 복귀 44 | 초조해진 젤렌스키 45

2부

## 개전 전야 — 2021년 9월~2022년 2월 21일


1. 끝, 그리고 계속 ········ 51

러시아군의 재집결 51 | 높아지는 긴장 53 | 미국의 '정보 공세'와 러시아의 '외교 공세' 55

2. 푸틴의 야망 ········ 59

단층적인 세력권 59 | 「러시아인과 우크라이나인의 역사적 일체성에 대하여」 61
역사, 주권, '파트너십' 63 | 푸틴 논문을 어떻게 읽을 것인가 65

3. 침공 준비의 완성 ········ 68

공개정보가 파헤치는 러시아군의 움직임 68 | 벨라루스를 전진 기지로 71 | 비핵화 및 중립의 포기 73

4. 푸틴의 롤러코스터 ········ 76

헤매는 두 필자 76 | 푸틴의 '하라쇼' 79 | '학살' 발언과 팽창하는 러시아군 82 | 바늘방석에 앉은 라브로프 84 | 갑질 회의 87

3부

# 특별군사작전 — 2022년 2월 24일~7월


1. 실패한 단기 결전 계획 ········ 91

참수 작전 91 | 러시아가 깔아 놓은 비밀 네트워크 94 | '특별군사작전'이란 무엇인가 96
도망치는 내통자들 97 | 오만과 편견 99 | '죽지 않은' 젤렌스키 101

2. 우크라이나의 저항 ········ 104

버티는 우크라이나군 104 | '성 재블린'의 가호 아래 106 | 우크라이나의 '삼위일체' 108 | 전력을 내지 못하는 러시아군 111

3. 철수와 정전 ········ 114

러시아군의 키이우 철수 114 | 회의는 춤춘다 116 | 서방 측의 대규모 군사원조 119
원점으로 돌아간 정전 협상 121 | 부차에서 생긴 일 123

4. 동부 공방전 ········ 126

러시아의 핵 위협 126 | 무기가 부족하다 128 | 마리우풀 함락과 루한스크 완전 제압 130 | 러시아군의 성공 요인 132

4부

## 전환기를 맞은 제2차 러시아-우크라이나 전쟁 — 2022년 8월

1. 균열이 난 러시아의 전쟁 지도력 ········· 137

군에 대한 불신이 커지는 푸틴 137 | 장군들의 실각 139 | 정보기관과의 알력 140

2. 우크라이나의 반격 ········· 143

하이마스가 초래한 러시아 공세의 한계 143 | 우크라이나가 받을 수 있는 것과 받을 수 없는 것 146 | 주도권은 드디어 우크라이나로 149

3. 동원을 둘러싸고 ········· 151

"우리는 아직 전혀 전력을 다하지 않고 있다" 151 | 푸틴의 "봐이…" 152 | 러시아의 동원 태세 154 | 총동원은 정말로 가능한가 156 | 그래도 총동원령을 발동할 수 없는 푸틴 158 | 부분 동원 161

4. 핵 사용 가능성 ········· 162

핵무기 사용이라는 도박 162 | 에스컬레이션 억지는 기능하는가 164 | 핵의 메시지 165

효과 없었던 비핵 에스컬레이션 억지 168

5부

## 이 전쟁을 어떻게 이해할 것인가

1. 새로운 전쟁? ······ 171

테크놀로지가 바꾸는 것과 바꾸지 않는 것 171 | Enabler와 Enabled 173 | 하이브리드 전쟁 — '전장의 외부'를 둘러싼 싸움 175 | 러시아의 '하이브리드한 전쟁'과 우크라이나의 '하이브리드 전쟁' 178

2. 러시아 군사이론으로 본 이번 전쟁 ······ 180

신형 전쟁 180 | 신세대 전쟁 182 | 푸틴 소년의 깨어진 꿈 184 | 한정 전체전쟁? 187

3. 푸틴의 주장을 검증한다 ······ 190

우크라이나는 '네오나치 국가'인가 190 | 근거가 약한 대량살상무기 개발설 193 | 러시아는 왜 북유럽을 공격하지 않는가? 194 | 푸틴의 야망설과 그 한계 197

**마치며 — '오래된 전쟁'으로서의 제2차 러시아-우크라이나 전쟁** ······ 199

벗어날 수 없는 핵의 굴레 200 | 주체적인 논의의 필요성 201

**후기 — 조그마한 이름을 위하여** ······ 203

**참고 자료** ······ 206

1부

# 2021년 봄의 군사적 위기

2021년 1월~5월

# 1. 바이든 정권 수립 후 미국-러시아 관계

## 집결하는 러시아군

이번 사태와 직접 연결되는 상황은 2021년 봄에 일어났다.

그해 초부터 러시아군이 '군사연습'을 명분으로 우크라이나 국경 근처로 집결하기 시작했다. 당시 우크라이나군 총사령관이었던 루스란 홈착은 2021년 3월 말 시점에 집결한 러시아군의 규모가 28개 대대전술단BTG 규모이고 그 병력은 크림과 돈바스 만으로도 6만 명 이상에 달한다고 말했다. 또한 이와 별도로 25개 BTG가 단기간 내에 추가될 수 있다고 밝혔다.

2021년 4월 중순, 당시 우크라이나 국방장관이었던 안드리 타란은 국경선의 러시아군이 11만 명이 넘고 이 중에는 러시아군 서부군관구의 제1전차군과 중앙군관구의 제41통합병과연합군 등 주력 부대가 포함되어 있다고 말했다. 이로써 군사적 긴장감이 더욱 높아졌다. '군'은 복수의 사단과 여단을 예하에 두고 있는 큰 규모의 전투단위이므로 위와 같은 정보는 매우 큰 군사력이 우크라이나 주변에 집결되고 있다는 사실을 시사하는 것이었다.

이즈음에는 2014년부터 분쟁이 시작된 돈바스 지역(우크라이나 동부의 도네치크, 루한스크 등 2개 주)에서 친러파 무장세력의 정전협정 위반(포 공격 등)이 급증하고 있었다. 산발적인 포격은 그 전에도 있었으나 2021년 1월부터 3월 중순에 걸친 기간에는 7000건이 넘었다. 현지 상황을 감시하는 유럽안전보장협력기구OSCE의 우크라이나 감시단SMM에 따르면 2020년 7월 말부터 2021년 3월까지 발생한 정전협정 위반 총수는 약 1만 2000건이므로 그중 약 60%가 2개월 반 정도의 기간에 집중해서 발생한 셈이다.

2021년 4월 14일에서 15일에 걸친 야간에 러시아 국경경비대대의 연안 경비정이 아조우해에서 민간 상선을 호위하고 있던 우크라이나 해군 함정의 진로를 방해한 일이 일어나서 긴장이 한층 고조되었다.

우크라이나도 자국 부대를 증강하기 시작했다. 특히 러시아 국경과 인접한 동부 방면과 2014년 러시아에 강제 합병된 크림반도와 접해 있는 남부 방면에는 많은 부대를 전개한 것으로 보인다. 하지만 러시아는 이를 도발이라 하며 거꾸로 우크라이나에 대한 비난을 강화했다. 2021년 4월 2일 러시아 대통령실의 드미트리 페스코프 대변인이 '안타깝지만 (돈바스의) 정전 라인의 현실은 점점 더 우려스러워지고 있다'고 발언한 데 이어서 다음 날인 3일에는 뱌체슬라프 볼로딘 하원 의장이 우크라이나를 유럽평의회에서 제명하도록 요구했다.

볼로딘이 이렇게 요구한 것은 우크라이나군의 드론 공격으로 돈바스 지역에서 5세 아이가 사망했다는 주장에 근거를 두고 있다. 하지만 유럽연합EU의 유럽대외관계청EEAS에 따르면 사망했다는 아이의 사진은 2014년에 사망한 아이의 것이며 SMM도 이날 민간인에 대한 공격은 확인되지 않았다고 밝혔다(EU vs DiSiNFO, 2021.4.12).

또한 4월 8일에는 러시아의 드미트리 코작 부총리는 우크라이나의 행동이 '어린 아이가 성냥으로 장난치는 것'이며 이는 '종말의 시작'이 될 것이라고 말했다. 이쯤 되자 우크라이나 정세가 2015년 2월의 제2차 민스크 합의로 정전이 성립한 이래 최대의 위기를 맞이하고 있다는 인식이 서방에 퍼졌다.

2021년 4월 유럽은 우크라이나 전쟁 재발 사태를 본격적으로 우려할 수밖에 없는 상황에 놓여 있었다.

## 어이없는 결말

러시아는 서방을 향해서도 비난의 창끝을 겨누었다.

긴장이 정점에 달하던 4월 15일, 마리야 자하로바 러시아 외무부 대변인이 나토의 대규모 군사연습 '디펜더 유럽 2021**Defender-Europe 2021**'이 우크라이나 주변 지역에서 실시되고 있고, 우크라이나 군에게 훈련과 무기를 제공하고 있으며, 나토의 함정과 폭격기가 흑해에 전개되어 있다는 점 등을 들면서 사태의 책임이 서방에 있다고 주장했다. 하지만 그 열흘 전에 페스코프 대변인이 '러시아군은 러시아 영내에 있으며 어떤 나라에도 위협을 가하고 있지 않다'고 해명했다는 점을 고려하면 자하로바의 발언은 이중 기준이라고 하지 않을 수 없다.

그러나 팽팽했던 긴장의 끈은 갑작스레 느슨해졌다. 4월 22일 러시아의 세르게이 쇼이구 국방장관이 우크라이나 주변으로 러시아군이 집결한 것은 준비 태세를 확인하기 위한 '불시 검열'이었으며 모든 목표를 달성했으므로 부대는 5월 1일까지 주둔지로 복귀하라고 명하였기 때문이다. 이때 쇼이구가 철수를 명한 부대는 남부군관구 제58통합병과연합군, 중앙군관구 제41통합병과 연합군, 독립병과인 공수부대VDV의 제7공중습격사단 및 제76공중습격사단과 제98공수사단이었으며 이들은 바로 우크라이나 국경 주변에 집결하여 우려를 부른 부대들이었다.

당초 쇼이구의 성명은 회의적으로 여겨졌으나 러시아군의 철수가 실제로 적지 않은 규모로 진행되었기 때문에 국제사회의 관심은 급속도로 사그라들었다. 우크라이나의 볼로디미르 젤렌스키 대통령도 '경계는 풀지 않지만'이라고 전제하면서 이것이 긴장 완화로 이어지는 조치라며 러시아의 결정을 환영하는 메시지를 트위터에 게재했다. 갑자기 고조됐던 긴장이 적어도 겉으로는 일순간 완화된 것처럼 보였다.

## 트럼프의 퇴장에 신경이 날카로워진 러시아

그럼 2021년 봄에 이런 군사적 긴장을 일으킨 러시아의 노림수는 무엇이었는가? 먼저 바이든 정권에 대한 견제 가능성을 들 수 있다. 2020년 대통령 선거에서 도널드 트럼프가 조 바이든에게 패한 것에 러시아가 상당한 우려를 품고 있었기 때문이다.

2016년 선거 기간 중 트럼프는 우크라이나에 대해서 냉담했다. 우크라이나 문제로 더 큰 영향을 받는 것은 미국보다는 유럽이 아닌가? 왜 독일은 우크라이나 문제에 진지하게 임하지 않는가? 왜 우크라이나 주변국들은 이에 대한 대처를 하지 않는가? 왜 늘 미국이 러시아와의 제3차 세계대전의 위험을 감수하면서까지 앞에 나서야 하는가? 미국만 질서 유지를 위한 비용을 부담하고 있다는 트럼프의 주장은 그가 내세우는 '아메리카 퍼스트' 주장과 서로 통하는 것이었다.

이것이 러시아에는 매우 좋은 정치적 주장이었다는 점은 말할 필요도 없다. 이 발언을 러시아 국영 선전 매체인 ≪스푸트니크≫가 보도하고 있다는 점에서도 알 수 있다.

물론 크림 강제 합병을 인정할 수 없다는 미국 정부의 공식 입장은 트럼프 대통령 취임 후에도 크게 바뀐 것은 아니었으며 트럼프 자신도 러시아 제재 강화책인 '제제를 통한 미국의 적국에 대한 대응법 CAATSA'에 2017년에 서명한 바 있다. 트럼프는 제1차 러시아-우크라이나 전쟁 후에 발동된 에너지 산업에 대한 투자 규제를 확대했으며 러시아 군수산업체와 거래하는 일 자체를 일률적으로 제재 사유로 삼았다. 2018년과 2019년에는 이 기준에 따라 중국과 튀르키예가 미국의 제재를 받았다.

그러나 트럼프 개인으로서는 러시아에 매우 관대했다. 국가 수장으로서 러시아를 비난하는 트럼프의 발언은 결국 없었고 우크라이나를 적극적으로 지원하는 자세도 보이지 않았다. 또한 트럼프는 2018년 7월에 헬싱키에서 예정되어 있었던 미-러 정상회담 직전에는 크림 합병 승인 가능성을 배제하지 않는다는 발언도 했다.

회담 후 공동 기자회견에서는 2016년의 대통령 선거에 대한 러시아의 개입 의혹(이른바 러시아 게이트)에 대해 '푸틴 대통령이 개입하지 않았다고 하고 있으므로 미국 정보기관보다도 푸틴의 말을 믿는다'고까지 단언했다. 이 회담에 동석했었던 미 국가안전보장회의 유라시아 담당 수석 부장인 피오나 힐은 이에 대해 '미국에게 가장 굴욕적인 순간 중의 하나'였다며 비상벨을 눌러서 강제적으로 회담을 중단시킬 생각까지 했었다고 말했다.

이 같은 점을 고려한다면 트럼프가 정권을 잡으면 미국과 러시아가 단번에 화해하게 될 거라는 예상은 빗나갔지만 트럼프 개인은 러시아에게 편한 존재였다고 볼 수 있다(Weiss, 2019.6.25).

## 견제는 효과가 있었는가?

바이든의 생각은 트럼프와 완전히 달랐다. 제1차 러시아-우크라이나 전쟁 당시 미국 부통령이었던 바이든은 크림 강제 합병과 돈바스에 대한 군사 개입을 인정할 리 없었다. 우크라이나 문제에 관해 러시아를 대하는 자세는 트럼프보다 더 엄격해질 것으로 예상되었다.

실제로 바이든은 취임 후인 2021년 2월 러시아에 의한 크림 강제 합병을 인정하지 않는다는 성명을 발표했고 이와 더불어 미 국방부는 우크라이나에 대한 군사원조 강화 방침을 발표했다. 즉 바이든 정권 수립은 '미국 정부는 러시아의 태도를 인정하지 않지만 대통령은 묘하게도 러시아에게 관대하다'는 일종의 비정상적인 상황이 끝났음을 의미했다.

이를 보면 러시아가 연출한 2021년 봄의 군사적 위기는 바이든 정권에 대해 '우크라이나에 편들지 마라'는 메시지였다고 해석할 수 있다(International Politics and Society, 2021.4.20).

그렇다면 그런 견제는 얼마나 효과가 있었을까?

2021년 5월, 바이든 정권은 러시아에서 독일로 이어지게 건설되던

신천연가스 파이프라인 '노르트스트림2'에 대한 제재 완화(완전한 제재 해제가 아닌 제한적인 일부 조업 해제)를 발표했다. 총연장 1200Km에 달하는 '노르트스트림2'는 러시아의 유럽 대상 천연가스 수출을 대폭 증가시킬 가능성이 있는 거대 프로젝트다. 독일과 러시아는 이 프로젝트에 큰 기대를 걸고 있었으나, 한편으로는 러시아에 대한 에너지 의존이 더 커질 수 있다는 우려도 강했다. 바이든 정권이 태도를 바꾼 배경은 명확하지 않으나 러시아는 이를 긴장 완화 신호로 받아들였다.

다음 달인 6월 16일에 바이든 대통령은 취임 후 처음으로 푸틴 대통령과 대면회담을 가졌다. 이 회담은 2021년 봄의 군사적 위기 기간 중에 미국이 타진한 것이라고 전해지는데 긴장 완화를 향한 큰 움직임이었다고 할 수 있다.

회담에서 양국은 우크라이나 문제와 인권문제에 대해서는 평행선을 달렸으나 몇 가지 점에서는 진전을 보였다. 회담 직전 발생한 미국 파이프라인 기업에 대한 사이버공격(러시아의 관여가 강하게 의심되었다)에 대해 겉으로는 추궁하지 않으면서도 사이버 안전보장과 핵군비관리 면에서 협력한다는 방침에는 두 대통령이 합의한 것이다. 합의 내용을 정리한 공동성명에는 '핵전쟁에서는 승자가 있을 수 없으며, 핵전쟁은 절대로 일어나선 안 된다'는 1985년의 레이건-고르바초프 공동성명이 인용되었다.

회담 직전 바이든 대통령이 '우리는 러시아와 대립하기를 원하지 않는다', '예측 가능하고 안정된 관계를 원한다'고 말한 점 등을 보건대 바이든이 지향했던 목표는 일종의 데탕트(긴장 완화), 그러니까 전면적인 관계 개선은 안 되더라도 당장은 미-러가 평화공존하는 방향으로 가는 것이었다는 생각이 든다.

미국은 우크라이나 정책에 관해서도 상당한 자제력을 발휘했다. 앞서 말한 바와 같이 바이든은 취임하자마자 크림반도의 강제 합병을 인정하지 않는다고 명확히 밝혔고 우크라이나에 대한 군사원조도 계속했다. 그러나 전자는 어디까지나 오바마 정권 이래 미국 정부의 공식 견해를 재확인한 것에 지나지 않으며 후자는 연간 3억 달러 정도였던 군사원조를 조금 증가시켰을 뿐이었다.

2021년 9월에 이루어진 우크라이나 젤렌스키 대통령과 바이든의 첫 회담 내용도 우크라이나 측의 기대에는 못 미치는 것이었다.

젤렌스키는 이 회담에서 우크라이나의 나토 가입에 관해 미국의 지지를 얻고, 어떤 형식이든 안보에 관한 언질을 끌어내고, 돈바스 지역에 관해서는 미국의 더 강한 지원을 받고, '노르트스트림2'에 대한 제재 완화를 철회시키려는 등의 기대를 걸고 있었다.

그러나 뚜껑을 열고 보니 바이든은 우크라이나의 나토 가입에 대해서는 일절 언급하지 않았으며 6000만 달러 추가 군사원조를 발표하였을 뿐이었다. '노르트스트림2'에 대한 제재 완화 조치도 변함없었다. 우크라이나에 대한 러시아의 행동은 인정하지 않지만 러시아와의 격렬한 대립도 원하지 않는다는 미국의 자세가 다시금 확인된 회담이었다고 할 수 있다.

앞으로도 살펴보겠지만 러시아는 서방측이 우크라이나 문제에서 적대적인 자세를 취했기 때문에 전쟁이 불가피했다고 주장해왔다. 그러나 위와 같은 경위를 살펴보면 그러한 주장에는 동조하기 어렵다고 생각한다.

## 우크라이나 게이트

우크라이나는 바이든에게 일종의 계륵이었다. 바이든의 차남인 헌터 바이든은 2014년 5월부터 우크라이나 천연가스 기업 브리스마의 임원이었는데 이것이 이해 충돌에 해당한다는 비난을 받아왔기 때문이다(BBC, 2014.5.14). 당시에 이미 제1차 우크라이나-러시아 전쟁이 발발했기 때문에 우크라이나가 미국의 지원을 받기 위하여 정권의 2인자를 매수하려 했다는 의심을 받을 만 했다(헌터의 월 급여액은 5만 달러에 달했다고 한다).

또한 브리스마 사는 이전부터 탈세 혐의가 있었는데 이 사건에 헌터가 관여하여 바이든이 우크라이나 정부에 압력을 넣어서 수사를 중단시켰다는 둥, 헌터의 중재로 브리스마의 간부가 바이든을 만났다는 둥 바이든 가와 우크라이나와의 연결점에 관한 여러 가지 소문이 돌았다. 이런 의혹들을 매스컴은 '우크라이나 게이트'라고 불렀고 트럼프의 '러시아 게이트'와 비교되었다.

2020년 대통령 선거에서 재선하기 위해 트럼프는 이 점을 파고들었다. 나중에 밝혀진 바에 의하면 2019년 7월에 있었던 미국-우크라이나 전화 정상회담 시 트럼프는 젤렌스키에게 브리스마 탈세에 헌터가 관여하였는지 재수사해달라고 요청했다고 한다. 이는 당시 민주당 대통령 후보 지위를 굳히고 있었던 바이든에게 타격을 가하려는 의도였음이 분명하다.

또한 ≪워싱턴 포스트≫가 같은 해 9월에 보도한 바에 의하면 트럼프는 전화 회담 일주일 전에 4억 달러분의 우크라이나 군사원조를 일시 중단하라고 명했다(Demirjian et al., 2019.9.23). 군사원조를 인질로 삼아 바이든을 공격하는 데 협조하도록 젤렌스키를 협박한 게 아닌가 하는 의혹이 당연히 생겨날 수 있다.

나중에 공개된 회담 기록(다만 재구성된 것이라는 단서가 붙어 있다)에 의하면 트럼프는 군사원조의 재개와 헌터 수사를 명확하게 교환 조건으로 삼지는 않았으며 젤렌스키도 수사 재개에 대해서 긍정적으로 답했다.

하지만 군사원조가 자의적으로 중단된 것(왜 중단되어야 하는지에 대한 명확한 설명이 없었다)과 트럼프가 우크라이나를 움직여서 정적의 약점을 쥐려고 한 것은 거의 틀림없는 일이다. 그는 아마 자신의 권력 유지라는 관점에서 우크라이나 문제에 관심을 가지고 있었던 것으로 보인다.

그러나 우크라이나 게이트가 바이든의 우크라이나 정책에 어떤 영향을 미쳤는지는 아직 잘 모르겠다. 바이든이 러시아와의 평화유지 노선을 취한 이유가 오로지 강대국 간의 정치 역학 때문이었는지 아니면 자신의 개인적인 약점에 대한 공격을 피하고자 하는 의도, 즉 국내 정치에 대한 우려가 다소나마 있었는지. 이 점은 필자의 전문 영역에서 크게 벗어나므로 확정적으로 말하긴 어렵다. 그 진상은 아마 훨씬 뒷날 밝혀지리라 본다.

## 나발니 팩터

여기에 덧붙여 푸틴이 2021년 봄이라는 시점을 국내의 정치적인 위기라고 생각했을 가능성이 있다는 점을 지적하고 싶다.

바이든 정권 수립 3일 후인 1월 23일, 누군가가 투여한 독극물 탓에 독일에서 요양하고 있던 야당 활동가 알렉세이 나발니가 러시아로 귀국했다. 나발니는 귀국 직후 러시아 내무부에 체포되어 그대로 수감되었는데 이 일로 인해 러시아 전국에서 대규모 시위가 일어났다.

이 시위는 10년 전인 2011년 12월에 하원의원 선거 부정 의혹 때문에 일어난 시위 이래 가장 큰 규모였으므로 푸틴이 권력 유지에 대한 불안감을 가지게 되었을 것이라 쉽게 상상할 수 있다. 이 일이 일어나기 몇 개월 전 벨라루스에서 대통령 선거를 둘러싸고 전국적인 시위가 일어나면서 오랫동안 독재자로 군림해왔던 알렉산드르 루카셴코 대통령이 실각 직전까지 간 적이 있었다는 사실도 푸틴의 불안감을 증폭시켰을 것이다.

푸틴은 국민의 저항을 '외국의 간섭'으로 간주해왔다. 예를 들어 2011년 시위에 대해 푸틴은 참가자들이 "서방측으로부터 돈을 받았다", "그 배후에 있는 자들은 2004년의 우크라이나 정변(이른바 오렌지 혁명)을 일으킨 자들과 같은 자들이다"라고 말했다. 또 2014년에 우크라이나에서 다시 정변(유로마이단 혁명)이 발생하자 이것도 서방의 지원을 받은 '쿠데타'로 단정하고 군사 개입(제1차 러시아-우크라이나 전쟁)에 돌입했다.

푸틴은 그 후에도 자국과 우호국 정권에 대한 저항이 외국의 개입 때문이라고 보는 견해를 되풀이하고 있다. 이는 그가 '자발적인 의지를 가진 시민'이 존재한다는 생각 자체를 믿지 않음을 보여준다.

2010년대 전반에 모스크바 주재 미국 대사를 지낸 마이클 맥폴에 의하면 푸틴은 다음과 같은 세계관을 가지고 있다. "배후에서 조종하는 자가 없으면 대중은 일어서지 않는다. 대중은 국가의 도구와 수단

이며 사물을 움직이게 하는 지렛대다.” 푸틴은 러시아를 방문한 존 케리 국무장관에게 주러시아 미국 대사가 자신을 쫓아내려는 세력을 지원하고 있다고 공공연하게 말한 적도 있다고 한다(マクフォール, 2020).

대중이 스스로 생각해서 정치적 의견을 가지거나 자발적으로 항의 시위를 하러 거리에 나오는 일은 있을 수 없으며 그런 사태의 배후에는 반드시 주모자나 돈으로 움직이는 조직이 있다는 것이 푸틴의 세계관이다(Borogan and Soldatov, 2015).

그러므로 푸틴은 나발니의 귀국과 이에 따른 시위 확산의 배후에는 바이든 정권의 러시아 흔들기 공작이 있다고 보았을 가능성이 있다.

## 2. 젤렌스키 정권과의 관계

### 코미디언 vs 스파이

2021년 봄의 군사적 위기를 러시아의 '견제'로 본다면 그 창끝은 우크라이나의 젤렌스키 정권에게도 향했을 가능성이 있다.

젤렌스키 대통령의 러시아에 대한 자세는 처음에는 그렇게 강경하지 않았다. 오히려 그는 제1차 러시아-우크라이나 전쟁 이후 러시아가 점령한 크림반도나 아직 전투가 계속되고 있는 동부 돈바스 지역 문제의 해결 방안에 대한 명확한 비전이 없었던 것 같다. 2019년 대통령 선거에서 내놓은 젤렌스키의 공약 가운데 '일시적으로 점령된 영토의 탈환'이 들어 있지만 그 구체적인 방법에 대한 설명은 없었다(Ze!Team.info., 2018.12.26).

젤렌스키는 선거 기간 중 유력 신문인 ≪우크라인스카 프라우다≫와의 인터뷰에서 '나는 리버럴한 사람이며 전쟁으로 돈바스를 되찾는 것에는 반대한다', '도네치크와 루한스크의 친러파 무장세력 지도자는 꼭두각시 인형이며 대화해도 의미가 없고 러시아와 협상할 수 밖에 없다', '대머리 악마(푸틴을 가리킨다)와 협상해서 아무도 죽지 않게 하겠다'고 하였으며 러시아와의 협상이 문제를 푸는 열쇠라는 자세를 보이고 있었다(Украинская правда, 2018.12.26).

다만 러시아를 어떻게 협상장으로 끌어낼 것인가, 어떤 전략으로 협상에 임할 것인가 등 구체적인 점에 대해서는 언급하지 않았다.

코미디언으로 성공한 젤렌스키는 2015년에 방영된 텔레비전 드라마 〈국민의 일꾼〉에서 대통령 역을 맡아 갑자기 국민적 지지를 얻어 2019년 대통령 선거에서 진짜 대통령이 되어버린 이색적인 경력의 소유자다. 따라서 젤렌스키는 사람의 마음을 사로잡는 데 자신이 천재적인 소질이 있으며 자신이 푸틴과 직접 협상에 나서면 2014년 이후 처음으로 분쟁 해결의 실마리를 찾을 수 있다고 진심으로 믿었을지도 모른다(ルデンコ, 2022).

하지만 젤렌스키가 코미디언 출신이라면 푸틴은 KGB(소련국가보안위원회) 스파이 출신이다. 전자가 '양(陽)'의 힘을 구사해서 대통령까지 되었다면 후자는 협박과 암살도 마다하지 않는 '음(陰)'의 힘의 달인이다. 지금 시점에서 5년이나 지속되어온 동부 돈바스 지역 분쟁은 양극에 있는 두 지도자의 손에 맡겨져 있다.

## 슈타인마이어 방식에 대하여

결론적으로 말하면 제2차 러시아-우크라이나 전쟁 개전에 이르기까지 처음부터 끝까지 주도권을 쥐고 있었던 쪽은 푸틴이었다. 젤렌스키는 자신의 히든카드라고 생각했던 직접 협상 기회를 거의 갖지 못하고 오히려 협상을 미끼로 연이은 타협을 강요당했다.

시계열적으로 보면 대통령 취임 2개월 후인 2019년 7월에 젤렌스키는 푸틴에게 영상 메시지를 보낸다. 여기서 젤렌스키가 제안한 것은 2015년과 2016년에 각각 한 번씩 열렸던 독일, 프랑스, 러시아, 우크라이나 4자 협의체, 이른바 '노르망디 4N4'에 미국과 영국을 추가한 확대 회담을 열자는 것이었다. 하지만 러시아는 이 제안을 무시하였고 유럽과 미국도 이 제안에 호의적인 반응을 보이지 않았다.

그 후 젤렌스키는 8월에 푸틴과 비밀리에 전화 회담을 하고 양국 간 현안이었던 포로 교환을 제안했다(≪우크라인스카 프라우다≫에 의하면 협상이 시작된 날은 2019년 8월 7일이었다고 한다). 러시아와 우크라이나가 수감하고 있는 포로를 서로 같은 수만큼 교환한다는 이 구상은 다음 달인 9월에 서로 35명씩의 포로를 교환하는 형식으로 실현되었다(Украинская правда, 2019.9.7). 또한 이에 맞추어 이루어진 러시아-우크라이나 간 전화 정상회담에서는 양국 정상이 가까운 시일 내에 회담할 것도 합의했다. 푸틴과의 직접 협상 기회가 드디어 온 것이다.

그러나 그 대가로 젤렌스키는 큰 타협과 맞닥뜨렸다. 10월 1일 제2차 민스크 합의 이행과 관련해서 돈바스의 분쟁 지역 지위를 결정하기 위한 주민투표를 실시한다고 발언했다.

제2차 민스크 합의란 2015년 2월에 맺은 분쟁 해결 로드맵으로서 크게 나누어서 ① 치안 항목[전선에서의 전투 정지와 중화기 철거, 외국 군대(러시아군과 러시아가 보낸 무장 세력)의 철수 등]과 ② 정치 항목(우크라이나가 헌법을 개정해서 돈바스에 '특별 지위'를 인정할 것, 현지에서 주민투표를 실시할 것 등)으로 되어 있다. 젤렌스키가 언급한 주민투표는 이 중 정치 항목의 핵심이었다.

그러나 고로쿠 츠요시가 지적하는 바와 같이 제2차 민스크 합의의 이행 순서에 모호한 점이 있었고 치안 항목과 정치 항목을 어떤 순서로 진행시킬 것인지에 대해서 러시아와 우크라이나 사이에 간극이 있었다. 우크라이나 측은 우선 치안 항목의 이행 그러니까 전투 중지와 외국 군대의 철수가 완료된 후 정치 항목을 이행한다고 이해한 반면, 러시아는 정반대로 치안 항목 이행 상황과 상관없이 정치 항목을 이행하라고 주장했다. 돈바스가 러시아에 점령된 상태에서 '특별 지위'를 인정하게 하고 주민투표를 실시하게 할 수 있다면 우크라이나의 분열 상태를 고착화시켜서 러시아가 약점을 잡을 수 있다는 노림수가 있었던 것으로 보인다(合六, 2020.12).

'슈타인마이어 방식'은 양측의 이런 인식 차이를 해소하기 위해 고안된 해결책이었다. 이는 제창자이기도 한 독일의 프랑크발터 슈타인마이어 외무장관의 이름에서 따온 것인데 제2차 민스크 합의의 이행 순서를 다음 3단계로 명확히 하는 것을 골자로 한다. ① OSCE 감시하에 주민투표를 실시한다. ② 우크라이나 측은 그날 밤 두 지역에 '특별 지위'를 인정하는 법률을 잠정적으로 발효한다. ③ 투표가 자유롭고 공정했다고 OSCE가 인정하면 '특별 지위'에 관한 법률을 영구화한다.

젤렌스키의 주민투표 발언은 얼핏 보기에 슈타인마이어 방식을 수용하는 것으로 보였기 때문에 우크라이나에서는 반발 여론이 거세게 일었다. 치안 항목의 이행 상황과 상관없이, 즉 러시아에 의한 점령 상태의 종식을 전제하지 않고 정치 항목을 이행한다는 슈타인마이어 방식은 제2차 민스크 합의에 관한 러시아의 해석을 수용하는 것을 의미했기 때문이다.

## 궁지에 몰린 젤렌스키

이 과정에서 우크라이나 국내에서 젤렌스키의 입지는 점점 불안해졌다.

2020년 초 시점에 우크라이나 국민의 64%가 돈바스 분쟁을 최우선 해결 과제로 꼽고 있었는데, 젤렌스키 정권이 이를 실현할 수 있다고 생각하는 국민의 비율은 2019년 11월 70%에서 2020년 1월 44%로 급감했다(Kudelia, 2020.3).

젤렌스키가 슈타인마이어 방식을 수용했다는 인식이 국민들에게 퍼지자 키이우에서는 "항복 NO!"라는 슬로건을 앞세운 시위가 일어났다. 여기에 더해 2014년 유로마이단 혁명을 폭력화했던 우파 세력으로부터 비난이 거세지면서 젤렌스키는 스스로 권력 유지에 불안감을 느끼는 상황이 되었다.

사실 정확하게 말하자면 젤렌스키는 슈타인마이어 방식을 그대로 수용할 생각은 아니었다. 10월 1일에 젤렌스키가 한 말은 어디까지나 우크라이나 법 테두리 안에서, 그것도 러시아군이 철수한 후에 주민투표를 실시한다는 것이었으며 치안 항목 이행이 먼저라는 입장에는 변화가 없었다. 그러나 이 발언은 순식간에 확대해석되어 젤렌스키가 러시아에 '항복'하려고 한다는 비난이 강해졌다. 평화적인 대화 노선을 내건 것이 완전히 역효과가 난 것이다.

그럼에도 젤렌스키가 추구한 푸틴과의 직접 협상은 2019년 12월에 파리회담(독일과 프랑스가 합류한 4자 회담과 푸틴과 젤렌스키의 양국 대표 간 회담)으로 실현되었다. 그러나 국경선 관리 등의 문제에 관한 러시아와 우크라이나의 주장은 평행선을 달렸으며 결정적인 해결은 이루어지지 않았다. 슈타인마이어 방식을 실제로 어떻게 이행할 수 있을 것인가에 대해서도 명확한 합의에 도달하지 못했다.

젤렌스키의 대화 노선은 사실상 이 시점에서 좌절되었다. 이후에도 젤렌스키는 여러 번 푸틴과의 직접 대화를 제안했으나 러시아 측이 상대하지 않았다(전화 회담은 몇 차례 실시되었으며 2020년 7월에는 돈바스의 정전에도 일단 합의했지만 그 후에 전투가 재개되었다). 치안 항목 이행과 상관없이 슈타인마이어 방식에 따른 정치 항목(주민투표)을 실시하라는 것이 러시아 측의 입장이었다. 또한 미국과 유럽도 젤렌스키의 대화 요구에 전반적으로 냉담했으며 2020년에는 코로나 팬데믹이 세계적인 문제가 되면서 두 사람이 직접 만날 기회는 현재까지 한 번도 찾아오지 않았다.

## 메드베드추크의 정계 복귀

이 당시 젤렌스키는 '인생을 위한 야권연단' 당수인 빅토르 메드베드추크의 움직임에도 신경 쓰고 있었다.

변호사 출신인 메드베드추크는 1997년에 우크라이나 최고회의 의원에 당선되고 최고회의 제1부의장을 지낸 뒤 2002년부터 2005년까지 대통령 비서실장을 지낸 인물이다.

메드베드추크는 푸틴과도 깊은 관계인 것으로도 알려져 있다. 메드베드추크의 딸에게 세례명을 지어 준 사람이 푸틴이라는 것(Чивокуня, 2007.6.20)만 보아도 두 사람의 관계를 알 수 있다.

그러므로 메드베드추크는 현저하게 친러시아적인 경향이 있는 정치가이며 제1차 러시아-우크라이나 전쟁에서는 도네츠크와 루한스크를 우크라이나 내의 국가 안의 국가로 하는 '연방화'를 지지했으며 친러파 무장세력과도 비밀리에 회합을 거듭해온 것이 밝혀지기도 했다(Украинская правда, 2014.6.25). 푸틴의 지원을 받아 대통령이 된 빅토르 야누코비치가 2014년의 유로마이단 혁명으로 실각한 후 메드베드추크는 우크라이나 국내에서 러시아의 최대 협력자였다.

물론 돈바스 분쟁이 지속되는 상황에서 노골적인 친러 성향을 지닌 메드베드추크가 공공연하게 영향력을 가졌던 것은 아니다. 유로마이단 혁명이 한창일 때는 가족과 함께 일시적으로 스위스로 도피했었다고 하며 이때 친러파 정치가로서 그의 경력은 일단 끝났다. 따라서 혁명 후 메드베드추크는 러시아와의 파이프라인을 살려서 포로 교환 협상을 실현시키는 등 '그림자 중재자' 역할에 치중했다.

그러다가 메드베드추크는 2018년에 들어와서 정계 복귀 의향을 나타내기 시작했다. 같은 해 7월에는 자신이 이끄는 정당 '우크라이나의 선택'을 야당 '생활당'과 통합하고 '인생을 위한 야권연단'을 만들었다. 이 당은 2019년 7월의 최고 회의 선거에서 43석을 확보해 제1 야당이 되었으며 공동 당수 중의 한 명인 메드베드추크도 국회의원의 지위를 회복했다.

## 초조해진 젤렌스키

정계 복귀를 이룬 메드베드추크는 푸틴과의 직접 협상을 실현하기 위해 고심하고 있는 젤렌스키를 무시하듯 푸틴과 빈번하게 만나고 있었다. 실제로 메드베드추크가 얼마나 자주 푸틴과 만났는지 명확하지는 않지만 2018년의 ≪인디펜던트≫ 취재에서 한쪽 눈을 찡긋하면서 '일 년에 한 번 이상'이라고 말하였는데 아마 꽤 자주 만났을 것으로 보인다.

예를 들면 2019년 7월 선거 직전에 메드베드추크는 상트페테르부르크에서 푸틴과 회담하며 "우크라이나와의 관계를 전면적으로 회복하고 당신의 당을 포함한 모든 정당과 협력하겠다"는 말을 푸틴에게 들었으며 그전에는 러시아 국영천연가스 회사 '가스프롬'의 밀레르 사장과 회담하면서 우크라이나 대상 천연가스 가격의 대폭적인 인하에 관해 의견을 나눈 바 있다.

푸틴과의 직접 협상에 고심하는 젤렌스키로서는 메드베드추크가 대 러시아 관계 개선이라는 성과를 올리는 일은 썩 유쾌하지 않은 사태였을 것이다. 실제로 젤렌스키는 TV방송국에 압력을 넣어서 푸틴과 메드베드추크의 회담 방영을 저지했다(모스크바에서만 방송).

정계 복귀 후에도 메드베드추크는 푸틴과의 파이프라인을 적극적으로 활용했다. 눈에 띄는 사례를 보면, 2020년 10월 모스크바를 방문한 메드베드추크가 우크라이나에 대한 제재(제1차 러시아-우크라이나 전쟁 발발 후에 러시아 정부가 발동한 것)를 해제하도록 러시아의 민스크 총리를 움직여서 푸틴 대통령도 이를 호의적으로 받아들이는 발언을 한 일을 들 수 있다. 이러한 움직임은 그 직후에 예정된 통일지방선거에서 '인생을 위한 야권연단'을 지원하기 위한 것으로 보였는데 대통령 취임 후 1년이 지나 서서히 지지율이 낮아지고 있었던 젤렌스키에게 이는 간과할 수 없는 움직임이었을 것이다.

젤렌스키는 2021년에 들어와서 메드베드추크 탄압에 나섰다. 먼저 같은 해 2월 2일에 메드베드추크가 실소유주로 있는 친러파 TV 방송 3개사를 러시아 선전 프로그램을 방송하고 있다는 이유로 폐쇄하였다. 또한 젤렌스키 정권은 메드베드추크가 실소유주로 지목된 석유 파이프라인의 통과료 수입이 친러파 무장 세력에 흘러가고 있다는 혐의를 두고 자산 동결 등 제재 조치를 취하기로 결정했다. 메드베드추크를 가택 연금하였으며 그의 자택과 별장, '인생을 위한 야권연단' 사무소 등을 압수수색했다. 같은 해 5월 메드베드추크는 국가반역죄로 기소되었다.

이 과정에서 젤렌스키 정권은 크림반도와 돈바스를 탈환하기 위해서 '탈점령 및 재통합에 관한 국가 전략'을 처음으로 수립하고 8월 24일 독립기념일에 맞추어서 정상급 국제회의 '크림 플랫폼'을 개최한다는 방침을 발표했다.

이렇게 보면 2021년의 군사적 위기는 젤렌스키가 국내에서 친러파를 배제하기 시작했을 시기와 거의 겹친다. 따라서 러시아의 군사적 압력은 메드베드추크 탄압에 대한 정치 보복이었을 가능성이 커 보인다. 우크라이나의 싱크 탱크 '펜터' 소장인 볼로디미르 페센코가 지적하듯 러시아와의 직접 협상을 더 이상 바랄 수 없다고 본 젤렌스키는 주저 없이 친러파 탄압에 나섰고 러시아는 이에 대한 보복으로 '젤렌스키의 분쟁 해결 방식은 통하지 않는다'는 것을 우크라이나 국민에게 알기 쉽게 보여주었다는 그림이 그려진다.

2부

# 개전 전야

2021년 9월~2022년 2월 21일

# 1. 끝, 그리고 계속

## 러시아군의 재집결

제1장에서 보았다시피 2021년 봄의 군사적 위기는 바이든 정권 수립, 나발니의 귀국과 이에 이은 러시아 국내 정세 불안, 젤렌스키 정권과의 관계 악화 등의 요인들이 겹치고 서로 영향을 미치면서 증폭된 결과 일어난 것으로 보인다.

사태가 여기서 끝났다면 마크 갈레오티가 말하는 '헤비메탈 디플로머시' 즉, 군사력으로 위협하여 유럽을 분열시키고, 그 매력도를 저하시키고, 당황하게 하고, 압도할 목적으로 행한 위압적 외교정책(Galeotti, 2016.12)이었다고 말할 수 있을 것이다. 만약 그렇게 판단한다면 군사적 긴장을 높일 수 있을 만큼 높여 놓고 군대를 깨끗하게 철수시켜서 미국으로부터 '데탕트' 노선을 끄집어낸 뒤 젤렌스키의 체면을 깎아내린 푸틴의 수완은(옳고 그름은 차치하고라도) 대단하다고 말해야 할 것이다.

하지만 미 국무부는 러시아군이 실제로는 철수하지 않았다고 보았다. 2021년 9월 1일 ≪뉴욕타임스≫가 보도한 복수의 미 국무부 고위층의 발언에 따르면 러시아의 쇼이구 국무장관의 철수 명령 후에도 우크라이나 주변에는 8만 명 정도의 러시아군이 계속 포진해 있었으며 실제로 철수한 부대도 중장비는 그대로 남겨 놓았다고 한다. 즉 마음만 먹으면 러시아는 다시 상당한 수의 병력을 우크라이나 국경 주변에 전개할 수 있는 상태였다는 것이다(Cooper and Barnes, 2021.9.1).

이 점에 대해서는 러시아 측 발언에서도 어느 정도 유추할 수 있다. 4월에 러시아군이 철수를 발표했을 때 쇼이구는 "9월에 예정되어 있는 서부군관구 대규모 군사연습 '자파드(서방) 2021'을 위해 중장비를 남겨놓는다"고 발언한 바 있다.

다만 중장비만 남겨둔 게 아니라 대량의 병력 또한 국경 부근에 남겨두었다는 사실로 인해 서방 측은 러시아의 의도에 대한 불신감이 커졌다. 2011년판 비엔나 문서VD2011에는 비록 연습 명목이라고 하더라도 러시아가 유럽 지역에서 1만 3000명 이상의 병력을 이동시킬 경우에는 옵서버를 초청해야 한다는 의무가 명시되어 있다. 그러나 우크라이나 국경에 남아 있는 병력에 대해서 러시아 측은 명확한 설명을 하지 않았다.

또한 '자파드 2021'이 종료된 9월 16일 이후에도 러시아군은 철수하지 않았다. 군사연습 종료 후에도 러시아군은 우크라이나 국경과 벨라루스 영내에 전개해 있었으며 평시에 머물던 주둔지로 돌아가려는 모습을 보이지 않았다.

이러한 움직임을 간파한 미국 정보기관은 2021년 10월 보고를 통해 러시아가 진짜로 우크라이나 침공을 계획하고 있다는 사실을 바이든 대통령에게 알린다. 이는 위성 영상, 통신 감청, 인적 정보원, 자금의 흐름(군사 예산은 증가하고 코로나 대책 예산은 낮게 책정하는 등) 등을 종합적으로 분석하여 내린 결론이었다. 마크 밀리 미국 합동참모본부 의장도 러시아가 '동시·대규모 전략적 침공을 다각도로 계획하고 있다'고 분석했다(Harris, DeYoung and Khurshudyan, 2022.8.16). 이러한 분석은 러시아가 우크라이나를 침공했을 때 채택한 실제 노선에 가까우며 미국은 개전 4개월 이전에 러시아의 의도를 상당히 정확하게 읽고 있었다고 볼 수 있다.

한편 우크라이나는 이 시기부터 튀르키예제 무인기 '바이락타르 TB2'를 돈바스 지역에 투입하여 친러파 무장세력의 진지 몇 군데를 파괴했다. 이 행위가 러시아를 자극해서 군사적 긴장이 고조됐다는 설도 있으나 먼저 군사적 긴장을 높인 것은 러시아이며 이와 같은 주장은 본말이 전도된 것이다. 더군다나 이 시기에 우크라이나가 손에 넣을 수 있었던 바이락타르 TB2는 겨우 몇 기에 지나지 않았기 때문에 아무리 생각해도 이것이 돈바스 지역의 힘의 균형을 흔들 만한 존재는 아니었다.

## 높아지는 긴장

정보기관이 바이든에게 보고한 지 얼마 지나지 않아 국제사회도 러시아군의 우크라이나 침공에 관한 우려를 뚜렷하게 가지게 되었다.

2021년 10월 말, ≪워싱턴 포스트≫는 러시아군이 우크라이나 국경에서 물러나지 않은 것 같다고 처음으로 보도했다. 또 이 기사에서 미 해군분석센터CNAS의 러시아 군사 전문가인 마이클 코프먼은 "이건 훈련이 아닌 것 같다"라고 말했는데 이즈음부터 미국 정부와 군은 위기가 고조되었다는 사실을 공개하기로 방침을 정한 것으로 보인다(Sonne, Dixon and Stern, 2021.10.30).

11월 2일에는 우크라이나 국경 부근의 러시아군이 9만 명에 달하며 여기에는 남부군관구 제8통합병과 연합군, 서부군관구 제20통합병과 연합군이 포함되어 있다는 우크라이나 국방부 정보총국GUR의 예상도 발표되었다. 또한 11월 중순, GUR은 국경 부근의 러시아군이 9만 6300명으로 10만 명 가까이 늘어났다고 발표했으며 영국의 군사정보 서비스 업체인 제인즈는 중앙군관구 제41통합병과 연합군과 서부군관구 제1전차군이 여기 포함되어 있다는 리포트를 12월에 발표했다(Janes, 2021.12).

앞에서 이름이 나온 부대 가운데 제8통합병과 연합군과 제20통합병과 연합군은 평시에도 우크라이나 근접 지역에 주둔하고 있었으나 제1전차군의 주둔지는 모스크바 부근, 제41통합병과 연합군은 시베리아였다. 평시에는 멀리 떨어진 곳에 주둔해 있는 대군이 우크라이나 주변에 다시 집결하기 시작했다는 사실을 많은 정보가 가리키고 있었다.

그러던 중인 12월 2일 미국의 블링큰 국무장관은 스톡홀름에서 러시아 외무장관과 회담을 마친 후 러시아가 우크라이나를 침략한다면 '심각한' 경제 제재에 직면할 것이라고 말했다.

블링큰 국무장관은 이보다 먼저 유럽 여러 나라를 방문해서 러시아가 침략할 경우 나토 가맹국이 취할 방책을 논의한 것으로 알려졌으나 그 상세한 내용은 밝히지 않았다. 따라서 12월 2일에 열린 미-러 외무장관의 공동 기자회견에서 미국은 러시아에 의한 우크라이나 침략의 가능성을 인식하고 있다는 점을 밝혔으며, 그 경우 먼저 경제 제재로 대응할 것이라는 방침을 나타내었다. 한편 블링큰 옆에 앉아 있던 세르게이 라브로프 러시아 외무장관은 러시아는 전쟁을 원하지 않지만 나토 확대가 안전을 위협하고 있다고 받아치면서 미국과 러시아의 입장이 평행선을 그리고 있다는 점이 부각되었다.

## 미국의 '정보 공세'와 러시아의 '외교 공세'

미-러 외무장관 회담이 결렬로 끝난 다음 날 ≪워싱턴 포스트≫는 2022년 초 러시아군이 17만 5000명(100개 BTG)의 병력으로 우크라이나를 침공할 가능성이 있다고 보도했다(Harris and Sonne, 2021.12.3). 이는 복수의 미국 정부 고위층과 ≪워싱턴 포스트≫가 입수한 내부 문서에 따른 보도이며, 이 시점에 이미 전개되어 있던 7만 명의 병력(미국의 계산이며 우크라이나는 10만 명 정도로 계산하고 있었다)에 더해 7만~10만 명이 추가 배치되는 시점에 전쟁이 시작될 것이라는 내용이었다.

이 기사를 쓴 해리스와 소네는 이전부터 우크라이나 주변에 러시아군이 집결하는 문제를 추적해온 기자들인데 바이든 정권은 이들에게 정보를 제공함으로써 러시아를 억제하려는 노선을 취해왔을 가능성이 크다. 실제로 미국은 2021년 11월에 정부 내에 '타이거 팀'이라는 부처 간에 걸친 조직을 대통령 직속으로 설치했다. 이 팀은 향후 일어날 수 있는 사태에 대비하기 위한 시나리오 작성과 경제제재 계획에 대한 검토, 러시아의 선전에 대항하기 위한 정보 공개 등을 담당해왔다고 한다. '러시아의 의도를 간파하고 있다'는 사실을 실제로 보여줌으로써 침략 의도를 막으려는 일종의 정보 공세였다(坂口, 2022.2.16).

러시아는 이에 외교 공세로 대응했다.

그 가운데 주목할 만한 것은 러시아군의 재집결이 이미 거론되던 11월 17일, 라브로프 외무장관이 독일과 프랑스의 외무장관에게 보낸 서신을 갑자기 공개한 일이다. 이 서신에는 독일, 프랑스, 러시아, 우크라이나의 4개국 정당회담이 열릴 경우(실제로는 파리회담 이후 열리지 않았다)에 채택할 공동성명안이 첨부되어 있었다. 또 이 서신은 우크라이나 정부와 친러파 무장세력이 직접 협상할 것을 촉구하고, 친러파 무장세력과의 사회경제적 연대를 회복하기 위한 장애 요인을 제거할 것, 분쟁 지역에서의 정전 위반을 OSCE가 공평하고 객관적으로 조사할 것, 친러파 무장세력의 법적 지위에 대해서 합의할 것 등의 주장이 담겨 있었다(Громова, 2021.11.17).

서신의 내용 자체는 놀랄만한 내용이 아니었다. 제2차 민스크 합의를 슈타인마이어 방식에 따라 실시하라는 것이었는데 러시아가 기존에 가지고 있던 협상 태세를 다시 한번 보여준 것에 지나지 않는다.

그러나 라브로프의 행동은 이례적이었다. 외교 문서를 상대방과 합의 없이 공표하는 일은 외교 의례에 반할 뿐 아니라, 합의안을 미리 공표해 버리면 협상의 유연성이 상당히 훼손되기 때문이다.

또 12월에는 러시아 외무부가 미국과 나토에 보낸 문서도 공개했다. '안전보장에 관한 미합중국과 러시아연방 간의 조약'안과 '러시아연방과 북대서양조약기구 간의 안전보장 확보에 관한 조치에 대한 조약'안(МИД России, Agreement on measures to ensure the security of The Russian Federation and member States of the North Atlantic Treaty

Organization)이라는 제목의 문서였다. 이 문서들에는 나토를 더 이상 확대하지 않을 것, 냉전 후 나토에 가입한 나라들로부터 부대와 무기를 철수할 것, 미사일 배치와 연습 활동에 제한을 둘 것 등 러시아에 유리한 내용이 열거되어 있었다.

구라이 다카시 전 우크라이나 주재 일본대사가 지적한 것처럼 러시아는 미국을 상대로 하는 이 문서를 (나토 대상의 '협정'보다 구속력이 강한) '조약'이라 칭했다. 특히 나토 불확대에 관한 작위적 의무에 대해서는 'Shall'이라는 강한 단어로 표현한(나토에 대해서는 'commit'라고 하면서) 사실 등을 보면 러시아는 유럽의 방위 문제에 대한 미국의 개입을 제한하는 일에 특별한 관심을 가지고 있었던 것으로 보인다(倉井, 2022).

하지만 조약안을 공개해 버리면 협상이 안된다는 사실은 라브로프가 독일, 프랑스에 보낸 서한의 경우와 마찬가지다. 나토 대상 협정안에는 친절하게도 협정 체결일을 적는 난까지 마련되어 있었지만, 외교의 프로인 러시아 외무부가 그 난에 구체적인 날짜가 채워지는 날이 오리라고 염두에 두었다고는 생각이 들지 않는다.

실제로 미국과 나토는 이 조약안의 대부분에 대해서, 특히 나토 불확대를 러시아와 약속하는 안은 수용할 수 없다는 내용의 답신을 보냈다고 한다. 그 답신 서신의 전문은 나중에 스페인 신문이 특종 보도하였는데 그것을 보면 미국과 나토는 미사일 배치 제한 등에 관해서는 타협의 여지가 있다고 하였으나 나토 불확대는 약속하지 않는 등 이른바 '오픈 도어' 정책에 대해서는 일절 타협을 거부했다(Aza and Gonzalez, 2022.2.2).

따라서 러시아의 외교 문서 공세는 '러시아가 미국과 나토에 최대

치의 요구를 제시한 것'(倉井, 2022)이라 할 수 있다. 요컨대 구소련을 러시아의 세력권으로 인정하라고 (주로 미국에) 요구하는 내용이었지만 이러한 요구에 관해 서방 측은 '묵묵부답'으로 대응했다.

## 2. 푸틴의 야망

### 단층적인 세력권

그런데 '구소련을 러시아의 세력권으로 인정'한다는 것은 구체적으로 무엇을 의미할까? 한마디로 '세력권'이라고 말해도 과거의 러시아 제국과 소련처럼 유라시아 나라들을 직접 지배하는 상태부터 그 나라들이 러시아의 뜻을 거스를 수 없게 하는 상태(간접 지배), 또한 특정 영역에 외국의 군사력이 들어오지 않도록 하는 좀 더 약한 영향력을 행사하는 상태까지 다양한 단계가 있을 수 있다(小泉, 2019). 예를 들면 2011년에 푸틴이 제창한 유라시아 경제연합 안은 구소련에 러시아 중심의 사회경제적 연계를 구축하며 최종적으로는 유라시아 연합으로 통합한다는 '구소련판 EU'와 같은 구상이었으며 제국적인 직접 지배는 아니었다(Путин, 2011.11.3).

이것과 병행해서 군사동맹(집단안전보장조약기구)과 무기 수출을 통한 군사적 협력 관계를 만들고, 선거에 간여해서 친 러시아 지도자를 취임시키거나, 첩보와 정보전을 통해서 구소련 국가 사람들의 인식을 러시아에 유리하게 유도하는 것 등이 21세기형 세력권의 모습이었다.

그러나 우크라이나는 그렇게 쉽게 러시아 세력권을 받아들이지 않았다. 그렇다고 우크라이나가 러시아와의 협력 관계를 거부한 것은 아니었으며 사람의 왕래도 자연스레 이루어졌다. 또한 경제 관계, 미디어와 인터넷 세상에서도 매우 친밀했다. 크림반도에는 러시아 해군 흑해함대 기지가 있었으며 이에 따라 우크라이나는 러시아에서 유럽까지 가는 석유 및 가스 파이프라인 통과료 수입이라는 커다란 혜택을 얻기도 했다.

한편 우크라이나는 유라시아경제연합과 집단안전보장조약기구에도 가입하지 않았음에도 EU와는 사람, 물자, 돈의 왕래를 용이하게 하는 '포괄적 자유무역지역DCFTA' 협정을 추진했으며 2014년 유로마이단 혁명 후에는 NATO와 EU 가입을 공공연하게 주창하기 시작했다.

제1차 러시아-우크라이나 전쟁을 푸틴이 일으킨 시기의 상황은 이러했다. 다만 이 전쟁은 어디까지나 크림을 강제 합병하고 돈바스 지역에서 한정적인 저강도 분쟁을 일으키는 것이었으며 러시아가 우크라이나를 직접 지배하려는 목적은 아니었다. 오히려 우크라이나를 분쟁 국가화하여 서방이 접근하기 어렵게 만들고(예를 들어 나토가 우크라이나를 가입시키면 북대서양조약 제5조에 따라 집단방위 조항이 발동되어 러시아와 전면전쟁을 하게 된다) 나아가 특정 영역을 점령하여 우크라이나에 대한 영향력 행사의 지렛대로 삼으려는 것이 2014년부터 우크라이나에 대한 러시아의 기본 전략이었다. 따라서 이 당시에는 2021년 봄의 군사적 위기 또한 바이든-젤렌스키 두 정권에 이를 인정하게 하려는 의도였다고 해석할 여지가 있었다.

## 「러시아인과 우크라이나인의 역사적 일체성에 대하여」

그러나 2021년 가을 이후 재연된 군사적 위기는 결국 전쟁으로 치달았고 더구나 그 목적은 우크라이나의 수도와 광범위한 영토를 점령하려는 것이었다. 이렇게 되면 이 사태는 2014년부터 러시아가 채택해온 우크라이나 전략의 문맥으로는 설명할 수 없다. 러시아가 우크라이나를 합병하려고 했는지는 차치하고라도 우크라이나를 종래보다 훨씬 더 직접적이고 강력한 영향력 밑에 두려고 했던 점은 확실하기 때문이다.

이 점에 관해서는 2021년 7월 12일에 공표된 푸틴의 논문(Путин, 2021.7.12)에 주목하는 경우가 많다. 약 8000 단어에 이르는 이 긴 논문은 「러시아인과 우크라이나인의 역사적 일체성에 대하여」라는 제목 그대로 대부분이 역사관에 대한 것이다. 논문의 핵심 주장 역시 제목대로 러시아인과 우크라이나인(그리고 벨라루스인)은 9세기에 발흥한 고대 루스를 계승하는 민족이며 서로 분리될 수 없다는 것이다.

러시아, 우크라이나, 벨라루스가 민족적·언어적으로 많은 공통점이 있고 많은 역사를 공유해왔다는 점은 객관적 사실로서 부정할 수 없을 것이다. 우크라이나와 벨라루스에 사는 적지 않은 사람들이 러시아어를 모어로 하며 우크라이나어와 벨라루스어는 전혀 모르는(또는 모어가 아닌) 사람도 드물지 않다. 젤렌스키 대통령 자신도 그중 한 사람이다. 대통령에 취임하기 전에는 우크라이나어를 거의 못 했을 정도다. 우크라이나어를 못해도 우크라이나에서 코미디언과 배우로 성공할 수 있었다. 이 한 가지만 보더라도 러시아와 우크라이나를 완전히 별개로 취급하기는 어려울 수 있다.

이 논문에서 푸틴은 다음과 같은 점도 주장하고 있다.

그에 따르면 이른바 '우크라이나'라는 말은 12세기에 루스의 '변경'을 가리키던 말이었으며 '우크라이나인'이란 '그 변경을 지키는 사람들'을 의미하는 말이었다.

우크라이나어의 문어는 17세기 초까지는 러시아어와 완전히 같았으며 구어도 약간 다르지만 크게 다르지 않았다. 우크라이나어가 러시아어에서 분화된 것은 근대에 들어와서 우크라이나 국민 작가들이 활약하게 되면서부터인데 그들도 산문은 러시아어로 썼다.

19세기의 러시아제국은 우크라이나어를 제한하기는 하였으나 이것은 폴란드인의 영향을 물리치기 위한 불가피한 조치였으며 제국 내부에서는 '대러시아' 틀 속에서 루스의 모든 민족 문화가 순조롭게 발전했다.

그러나 이 시기부터 폴란드의 영향으로 우크라이나인과 러시아인은 서로 다른 민족이라고 하는 '역사적 근거가 없는 픽션에 기반을 둔 결론'이 나왔다는 것이 푸틴의 주장이다.

이러한 주장은 러시아에서는 그다지 새롭거나 신기한 주장이 아니다. '우크라이나라는 민족은 없다', '우크라이나어는 폴란드 억양이 섞인 러시아어에 지나지 않다'는 말들은 러시아의 민족주의 진영에서 흔히 하는 주장이며 필자 역시 그렇게 말하는 러시아인을 자주 보았다.

문제는 이런 주장이 나온 상황 그 자체다. 그야말로 러시아인 중심주의적인 역사관을 국가 수장인 푸틴이 논문으로 공표하고 더구나 대통령실 공식 사이트에 기명으로 게재하는 일은 민족주의자들이 모여서 자기들끼리 수다를 떠는 일과 다르다. 논문 집필자인 푸틴은 수개월 전에는 우크라이나 주변에 군대를 대거 집결시켜서 군사적 위협을 가한 장본인이다. 이게 도대체 무슨 일인가? 이것이 당시의 필자를 당혹하게 만들었다.

## 역사, 주권, '파트너십'

푸틴의 논문은 이걸로 끝이 아니었다. 다른 부분은 건너뛰고 20세기 역사에 관한 푸틴의 주장을 보자.

1917년 러시아 혁명을 거쳐 1922년 소련이 성립하자 공산주의 정권은 민족별 공화국 제도를 도입하여 우크라이나와 벨라루스를 러시아와 대등한 소비에트연방의 구성 공화국으로 자리매김했다.

푸틴에 따르면 이 제도는 매우 잘못됐다. 벨라루스와 우크라이나가 러시아와 다른 존재가 되어서 그 땅에 사는 사람들이 우크나이나화 또는 벨라루스화를 강요당함으로써 러시아를 포함한 루스의 '삼위일체'가 파괴당했다는 것이다. 그렇기 때문에 현재의 우크라이나는 '소련의 발명품'에 지나지 않는다. 더군다나 소련은 각 공화국에 이탈의 자유를 인정했기 때문에 1990년대에 공산주의 정권의 통치가 흔들리게 되어 '주권 퍼레이드', 즉 소련을 구성하는 공화국들이 주권을 선언하는 사태로 이어졌다는 것이다.

이렇게 보면 푸틴은 우크라이나 독립이라는 사태를 일종의 '정치적 실수'로 보는 것 같다. 푸틴에 의하면 처음부터 우크라이나를 '민족공화국'으로 자리매김한 것 자체가 레닌의 '시한폭탄'이었으며 그것이 우크라이나와 러시아(그리고 벨라루스) 사람들이 '역사적인 고향에서 완전히 단절되는' 사태를 가져왔다. 이러한 주장은 러시아 사람들에게는 듣기 좋을지 몰라도 우크라이나 민족주의자가 들으면 격노할 만한 주장이다. 한 나라의 수장이 공공연하게 쓴 문장이라고는 도저히 믿어지지 않는다.

푸틴은 러시아도 현재의 우크라이나를 독립국으로 인정하지 않는 것은 아니라고 말한다. 그러면서도 러시아는 우크라이나에게 방대한 양의 천연가스를 할인된 가격으로 판매하고 수백 개의 공동 경제 프로젝트를 실시하고 'EU가 부러워할 만한' 상호보완적인 깊은 관계를 쌓아왔다고 주장한다.

그럼에도 우크라이나는 왜 가난한가? 이렇게 물으면서 푸틴의 주장은 현재의 영역으로 발을 들이민다. 푸틴은 길게 에둘러 답을 내놓지만 요약하자면 유로마이단 혁명 이후의 우크라이나 정부와 서방에 그 책임이 있다는 것이다.

푸틴에 따르면 서방의 지원으로 정권을 잡은 과격주의자와 네오나치(라고 푸틴이 규정한 우크라이나 정부)는 역사를 왜곡하여 러시아와의 연계를 단절시키려고 하였고 부를 서방으로 빼돌려서 러시아와의 경제협력을 축소 시키려고 시도해왔다. 또한 그들은 러시아에 대한 혐오를 부추기고 우크라이나 국내의 러시아계 주민을 탄압하고 강제적으로 우크라이나에 동화시키려고 하고 있다.

또한 우크라이나에는 외국 군사 고문단이 파견되어 사실상 나토의 전초기지가 되었다고 푸틴은 말한다. 러시아는 이런 상황(푸틴은 '형제 살해'라고 부른다)을 해소하기 위해 우크라이나에 제2차 민스크 합의를 이행시키고 친러파 무장세력과의 합의에 따라 평화와 영토를 회복할 기회를 주려고 하였으나 우크라이나와 서방은 그 모든 것을 배신했다. 젤렌스키 또한 평화를 약속하고 대통령에 취임했으나 그 약속은 모두 거짓이었다. 우크라이나를 러시아와 대립시키는 것이 서방의 기본 노선이며 아무리 정권이 바뀌어도 우크라이나가 서방의 영향 아래 있는 한 그것만은 변하지 않는다.

푸틴은 이상과 같이 서방과 우크라이나를 격하게 비난한 다음 '우크라이나의 진정한 주권은 러시아와의 파트너십에 의해서만 가능하다'고 결론을 내린다. 즉 '우리의 정신적·인간적·문명적 연결은 수 세기에 걸쳐서 형성되었으며 공통의 원천으로 거슬러 올라가 체험, 성과, 승리를 나누어왔다'는 것이다. '요컨대 우리는 하나의 민족'이라고 푸틴은 말한다. 여기서 말하는 '파트너십'이 무슨 의미인지는 명확하지 않으나 우크라이나의 정체성을 미사여구를 써서 부정하였다고 해석해도 무어라 할 말이 없을 것이다.

실제로 푸틴은 자신의 말이 '현재는 적의를 가지고 받아들여지고 있다'는 점을 인정하고 있다. 푸틴이 이 논문을 다음과 같이 맺고 있는 점은 매우 흥미롭다. "러시아가 반우크라이나였던 적은 한 번도 없으며 앞으로도 그럴리 없다. 우크라이나가 어떻게 할지는 그 국민이 정해야 한다."

## 푸틴 논문을 어떻게 읽을 것인가

이 논문이 발표된 시점에서 푸틴이 개전을 결심했는지는 뚜렷하지 않으며 현재 러시아 정치체제가 계속되는 한 간단하게 밝혀지지는 않을 것이다. 또한 이 논문은 도발적인 내용임에 확실하지만 러시아가 우크라이나를 침공하겠다고 예고하는 내용을 담고 있지는 않다. 논문

마지막에 푸틴 자신이 말하는 것처럼 그의 주장은 '여러 가지로 읽힐 수 있다'.

필자 역시 푸틴의 논문을 읽은 후 판단을 내리기 어려웠다. 앞서 말한 바와 같이 논문 발표 한 달 전에 있었던 미-러 정상회담은 일종의 '데탕트' 노선을 의미했으며 이에 러시아가 한동안 평화공존 노선을 유지할 것으로 예상했기 때문이다. 필자가 매주 작성하고 있는 메일 매거진의 지난 기사들을 다시 읽어 보아도 '보스토크 2021' 연습이 끝났을 때까지 필자가 이런 견해를 유지하고 있었다는 점을 알 수 있다.

10개월 후 앞에서 말한 러시아군의 재집결이 사실로 드러나면서 이런 낙관적인 전망은 점점 줄어들었는데, 이것이 또 다른 낙관론을 생겨나게 했다. 러시아가 군사적 압력을 가하거나, 한정적인 군사 침공으로 우크라이나에 제2차 민스크 합의를 이행하게 함으로써 러시아에 더 유리한 '제3차 민스크 합의' 같은 것을 강요하지 않을까 하고 전망한 것이다.

군사적 긴장이 재연되었던 10월에 열린 '발다이' 회의에서 푸틴이 참가자와 나눈 질의 응답도 낙관적 전망을 뒷받침하는 근거가 되었다. 여기서 푸틴은 우크라이나가 나토에 가입하는 일은 당장은 없을지도 모르지만 미래에도 그럴 것이라는 보증이 없고, 또 훈련 기지라는 명목으로 서방의 미사일이 배치될 수도 있다고 말했다. 당시 필자는 푸틴이 한 이 말을 통해 그의 생각이 'Ukraine in NATO(우크라이나의 나토 가입)'의 저지에서 'NATO in Ukraine(우크라이나에서 나토의 존재감)'의 삭제로 바뀌었다고 파악했다.

그렇다면 러시아가 한정적 침공을 개시해 우크라이나에게 중립화 같은 것을 요구할 수도 있다고 생각했다. 결론부터 말하면 이 판단은 반은 맞고 반은 틀렸다. 제3장에서 보다시피 개전 후 러시아가 우크라이나에게 요구한 사항 중에는 분명히 중립화가 포함되어 있었다. 문제는 러시아의 공격이 한정적인 것에 그치지 않았고, 그 목적이 젤렌스키 정권의 퇴진과 비무장화에까지 이른 것이다. 푸틴이 언제 우크라이나 침공 의향을 굳혔는지 뚜렷하지는 않지만 앞서 말한 2021년 가을 이후 전개된 양상을 보면 이 시점에서 침공이 기정사실화 되었을 가능성이 크다.

# 3. 침공 준비의 완성

## 공개정보가 파헤치는 러시아군의 움직임

2022년 들어와서도 우크라이나 국경에서 러시아군이 철수하는 움직임은 보이지 않았다. 오히려 보도되는 러시아군의 규모는 점점 더 늘어나서 2월 초에는 83개 대대전술단BTG에 달했다는 미 당국자의 견해가 전해졌다. 더욱이 이 시점에서 17개 BTG가 추가로 우크라이나를 향해 이동 중인 것으로 알려졌으며 12월 3일 ≪워싱턴 포스트≫는 100개 BTG의 침공 병력 포진이 가까운 시일 내 완료된다고 보도했다.

나아가 2주일 뒤에는 이 숫자가 105개 BTG로 증가했다고 미국 전략국제연구센터CSIS가 위성 화상을 분석하여 추정했다. 이와 비슷한 시기에 바이든 대통령은 현시점 우크라이나 주변에 집결한 러시아군 병력은 약 15만 명으로 추산된다고 밝혔다. 여기에 치안부대와 친러파 무장세력을 합하면 16만 9000명에서 19만 명 정도의 병력이었으므로 2개월 전의 예측이 맞다면 러시아군은 이미 침공 준비를 완료했을 가능성이 매우 컸다.

[그림1] 위성사진이 포착한 우크라이나 국경 부근에 집결한 러시아군(©Maxar/Getty)

러시아가 정말 우크라이나를 침공하려 한다고 생각할 만한 증거는 또 있었다. CSIS 이외에도 이번 전쟁이 발발하기 전에 많은 연구기관과 미디어들이 위성 화상을 활용하여 러시아군의 집결 상황을 밝혀내고 있었다. 필자의 연구실도 2021년부터 Maxar사의 위성 화상 서비스와 계약해서 날씨만 좋으면 러시아군의 주둔지와 비행장을 고화질로 실제로 관찰할 수 있었다. 이들 위성 화상은 우크라이나 주변의 주둔지에 텐트가 대량으로 설치되어 있으며 막사에 다 수용할 수 없을 정도로 많은 병사가 집결해 있다는 사실과 수송기 기지는 물론이고 평소 사용하지 않던 예비 비행장에도 많은 전투기와 전투폭격기가 배치되어 있다는 사실을 보여주었다(그림1).

위성 화상으로 러시아군의 집결 지점에 십자형의 대형 에어 텐트가 다수 설치되어 있음도 확인할 수 있었다. 필자는 이런 모양의 텐트를 러시아의 무기 전시회에서 여러 번 본 적이 있었다. 이것은 야전병원이었다. 통상 군사연습에서도 야전병원은 설치되지만(당연히 훈련 중에 부상당하는 병사가 나온다) 이때 확인한 십자형 텐트의 숫자는 매우 많았으며 다수의 사상자가 발생하는 사태, 즉 실전을 의식하고 있을 가능성이 매우 컸다. 러시아군이 긴급 수혈 체제를 강화하고 있다는 미당국자의 담화가 1월 말에 발표되었으며 '전시 및 평시의 시신 긴급 매장 절차'라는 으스스한 느낌의 국가 규칙이 새로 제정되어 2022년 2월부터 발효된다는 것도 이 관측을 방증하고 있었다.

시베리아 철도 연선과 우크라이나 국경 부근의 도시 주민들이 틱톡에 투고한 영상도 귀중한 정보원이었다. 이 영상들을 전세계 전문가와 군사 마니아들이 재빨리 발견하여 트위터에서 "이 유형의 전차가 있다는 것은 극동의 이 여단이 이동한 것이다" 등의 논의가 왕성했다.

그 결과 동부군관구와 중앙군관구 등의 부대도 대거 우크라이나 주변에 전개하고 있다는 사실이 판명되었다(Conflict Intelligence Team, 2022.1.12). 어느 정도 장난과 허위 사실이 섞여 있기도 했고 분석가 모두를 전문가라고 보기는 어려웠지만, 그 후의 전개 상황을 보면 당시의 분석이 대부분 맞았음을 알 수 있다. 러시아군은 그야말로 전국에서 움직일 수 있는 모든 지상 병력을 우크라이나 주변으로 끌어모으고 있었다.

미국 정부의 정보 공개, 민간에서도 계약 가능한 저렴한 요금의 위성 화상 서비스의 등장, SNS상의 집단 지성 등을 통해 러시아군의 움직임이 사전에 노출됐다는 의미에서 이번 전쟁은 실로 현대적이었다고 할 수 있다. 오랫동안 러시아군의 동향을 추적해왔던 필자에게도 새로운 경험이었다.

## 벨라루스를 전진 기지로

새롭다는 점에서 보면 집결하는 러시아군의 상당 비율이 벨라루스를 전방 전개 거점으로 삼은 점 또한 새로웠다. 벨라루스는 구소련 구성국으로서, 우크라이나 북쪽에 위치하며 러시아와는 1999년 연합국가 창설 조약에 의해 '동맹국 이상, 연방 미만'의 밀접한 관계를 맺고 있다. 또한 러시아와 상호방위협정 및 집단안전보장 조약기구를 통해서 군사동맹 관계를 형성했으며 군사연습 등의 이유로 러시아군이 벨라루스에 전개하는 경우도 드물지 않았다.

실제로 이 당시의 러시아군 전개도 벨라루스와의 합동 군사연습인 '동맹의 결의 2022'를 위한 것으로 되어 있었지만 이 '군사연습'에는 이상한 점이 있었다. 벨라루스에서 러시아군이 연습할 경우에는 인접하는 러시아군 서부군관구 부대가 전개하는 것이 보통인데 이때 집결한 부대는 동부군관구의 부대들이었기 때문이다.

더군다나 그 병력의 중심이 동부군관구의 주력부대였던 제29, 제35, 제36통합병과 연합군이었으며 쿠릴열도의 제18기관총포병사단을 예하에 두는 제68군단과 태평양함대인 제155해병대여단도 포함되어 있었다. 나토의 스톨텐베르그 사무총장은 2월 초에 그 규모가 전투부대만으로 3만 명에 달한다고 밝혔는데(Reuters, 2022.2.3), 이만한 규모의 동부군관구 부대가 1만 Km나 떨어진 벨라루스에 전개하는 사례는 지금껏 단 한 번도 관찰된 적이 없었다. 또한 동부군관구 사령관 알렉산드로 차이코 대장까지 벨라루스에 들어와 있었기 때문에 마치 군관구가 통째로 벨라루스로 이전한 느낌이었다.

과거 벨라루스의 자세와 비교하면 이러한 전개는 더욱 기묘하게 느

껴진다. 이제까지 벨라루스는 러시아와 동맹 관계를 형성하면서도 러시아군 전투부대가 자국 영토에 배치되는 것을 단호하게 거부해왔다. 그 때문에 벨라루스에는 이제까지 탄도미사일 경계 레이더 기지와 잠수함 통신용 초장파VLF 통신탑이 각각 하나씩만 설치되어 있었을 뿐이었다. 러시아는 2010년대에 들어와서 벨라루스에 자국의 전투기 기지를 설치하고 싶다고 여러 번 요청한 것으로 보이나 벨라루스의 루카셴코 대통령은 이를 계속 거부해왔다.

벨라루스의 이런 자세는 자국이 최전선 국가가 되는 것에 대한 공포 때문이라고 해석할 수 있다. 만약 러시아가 나토와 군사분쟁에 빠지면 지리적으로 보아도 벨라루스가 전쟁터가 될 게 뻔하고 자국 영내에서 핵무기가 사용될 가능성도 배제할 수 없기 때문이다. 그렇기 때문에 벨라루스는 러시아와 군사동맹을 맺으면서도 헌법 제18조에 "벨라루스 공화국은 그 영토를 비핵화 지대로 하고 국가는 중립을 지향한다"라는 모호한 문장이 들어가 있다.

더욱 흥미로운 일은 2018년 러시아와 벨라루스가 「연합국가 공통 군사 독트린」을 개정했을 때 두 나라의 대통령이 이를 승인했음에도 최고의사결정기관인 연합국가최고회의가 승인하지 않았던 일이다.

연합국가최고회의는 양국 대통령(푸틴과 루카셴코)을 포함한 두 나라 수뇌부의 만장일치로 의사결정하게 되어 있으므로 같은 인물이 같은 문서를 승인하기도 하고 승인하지 않기도 한 기묘한 사태가 일어난 것이다. 결국 2018년 「연합국가 공통 군사 독트린」은 공표되지 않고 공중에 떠버린 상태였기 때문에 거기에 어떤 내용이 있는지는 밝혀지지 않았다. 다만 벨라루스로서는 받아들일 수 없는 러시아와의 군사적 통합, 즉 유사시에는 자동적으로 러시아의 분쟁에 말려들게 되는 조항(유사시에 벨라루스군이 러시아군의 지휘 아래 들어가는 등)이 포함되어 있을 가능성이 있다.

## 비핵화 및 중립의 포기

2021년부터 2022년 초에 걸쳐서 벨라루스에 러시아군이 대규모로 배치되고 그 후 우크라이나 침공의 거점이 된 일은 이제까지 벨라루스의 자세와는 상당히 동떨어진 사태였다. 이 배경에는 2020년 8월 벨라루스 대통령 선거에서 루카셴코가 재선되면서(이 시점에서 이미 6선이었다) 일어난 일련의 사건이 영향을 미쳤을 가능성이 크다. 당시 벨라루스에서는 루카셰코 재선에 반대하는 국민의 저항운동이 거세게 일었다. 이때 러시아가 개입한다고 위협에 나서면서 겨우 사태를 진정시킨 바 있다. 말하자면 푸틴이 루카셴코의 생살여탈권을 쥐고 있었기 때문에 러시아가 벨라루스를 공격 거점으로 삼는 것을 거부할 수 없었으리라고 추측된다.

실제로 러시아군의 전개와 더불어 벨라루스의 군사정책은 커다란 전환점을 맞이했다. 우크라이나 국경으로 러시아군이 집결하는 일이 국제적으로 주목을 받기 시작했던 2021년 11월, 새로운 「연합국가 공통 군사 독트린」이 채택되어 이번에는 연합국가최고회의에서도 정식으로 승인되었다. 그 내용이 좀처럼 공표되지 않았기 때문에 미디어에는 여러 가지 억측이 난무했다. 그 한 예는 새로운 「연합국가 공통 군사 독트린」에는 핵무기를 단순한 억지 수단으로 규정할 뿐 아니라 어떤 조건에서 핵무기를 사용할지 구체화해서 핵무기로 침략에 대항한다는 방침을 내세울 것이라는 블라디미르 무힌의 관측이다(Мухин, 2021.11.7).

하지만 이것은 2000년대 이후 「러시아연방 군사 독트린」 등을 통해 이미 공식적으로 선언되었던 것이기 때문에 가령 그런 내용이 들어 있다 하더라도 그다지 놀랄만한 일은 아니다. 소련 붕괴 후 약해진 러시아군의 재래식무기 전력으로는 나토와의 전쟁에 대항할 수 없다는 것은 기정사실이다. 그 때문에 러시아에서는 적극적 핵 사용 또는 핵 위협으로 나토의 참전을 단념하게 하거나 정전을 강요하는 방법에 대한 논의가 있었다(상세한 점은 제4장에서 논의하겠다).

그런데 2022년 2월에 공표된 「연합국가 공통 군사 독트린」의 내용은 다른 의미에서 놀라웠다. 핵무기에 대한 언급은 '러시아연방의 핵무기는 핵 군사 분쟁 및 재래식 공격 수단을 이용한 군사 분쟁 발발을 저지하기 위한 중요 요소로만 한정한다'는 한 마디뿐이었으며 종래 버전에 있었던 핵 사용 기준에 관한 간단한 문장("핵무기 및 기타 대량살상무기의 사용, 연합국가 가맹국의 안전보장에 위기를 가져오는 재래식무기에 의한 대규모 침략에 대해서는 러시아연방의 핵무기 사용 가능성을 고려한다")마저 삭제되어 있었기 때문이다.

이 점에 대해서 사라토프 국립연구대학의 예브게니 코레네프는 유사시에 핵 사용 유연성을 최대한 확보하기 위한(즉 명확한 핵 사용 기준을 제시하지 않는) 조치였다고 해석한다(Коренев, 2022.2.17).

그러나 핵무기 사용 주체인 러시아는 「러시아연방 군사 독트린」 및 「핵 억지 분야의 러시아연방의 국가정책 기초」라는 공적인 문서에서 더욱 구체적인 핵 사용 기준을 제시하고 있다. 따라서 연합국가의 독트린만을 모호하게 해두는 것만으로 핵 사용의 유연성을 정말로 획득

할 수 있는지는 의문이다. 이외에도 개정된 「연합국가 공통 군사 독트린」에는 러시아와의 군사적 관계 강화를 뚜렷하게 예상할 수 있는 문장은 별로 보이지 않았는데, 그럼에도 개정 문제를 왜 이렇게 오래 끌었는지, 개정 후 공표가 왜 3개월 가까이 늦어졌는지에 대한 이유는 알 수 없었다.

이유가 어떻든 벨라루스가 핵무기에 관한 입장을 크게 바꾼 것은 틀림없는 것 같다. 「연합국가 공통 군사 독트린」 공표 직후인 2022년 2월 27일(제2차 러시아-우크라이나 전쟁 개전 후) 벨라루스가 헌법을 개정하고 앞서 말한 헌법 제18조의 비핵화 및 중립에 관한 조항을 삭제하였기 때문이다. 이것은 벨라루스에 핵무기를 배치하는 것이 법적으로 가능해졌음을 의미한다.

# 4. 푸틴의 롤러코스터

## 헤매는 두 필자

약간 건너뛰는 느낌으로 이야기가 진행되었지만 여기서 시간 축을 2022년 초로 되돌려 보자.

앞서 이야기했듯 필자는 이 시기에 러시아군의 침공 준비가 거의 완료되었다고 판단했다. 2022년 1월에는 러시아 외교 당국이 미국, 나토, OSCE와 연이어 회담하였으며 그 전 달에는 러시아 외무부가 제안한 조약 및 협정안에 대한 회담이 있었으나 모두 결렬되었다. 미국도 나토도 구소련 지역으로 나토를 확대하지 않겠다고 약속하라는 요구를 명확히 거부하고 그것보다도 러시아군이 우크라이나 국경에서 철수하는 것이 우선이라고 주장했다.

게다가 얼마 후 필자는 마음에 걸리는 말을 듣기도 했다. 도쿄에 주재하고 있는 어느 나토 가맹국 외교관이 '차 한잔하자'고 해서 만났을 때였다. 본부에 있는 그의 동료에 따르면 나토가 러시아의 제안을 거절하자 러시아 대표단은 더 이상 협상하려고 하지 않았다고 한다. 처음부터 조약안을 공개하고 협상하는 방식은 외교 관례상 있을 수 없다는 구라이 다카시의 지적을 다시 상기할 필요도 없이 러시아는 더 이상 진심으로 협상할 생각이 없었던 게 아닌가 하는 의구심이 당연히 들었다.

결정적이었던 것은 바이든 대통령이 러시아가 2월 16일 우크라이나를 침공할 것이라는 판단을 동맹국들에게 통지하고 미국민들에게 24시간에서 48시간 이내에 우크라이나를 떠나도록 한 사실이었다. 실제로 그 다음 날 우크라이나 주재 미국 대사관에서 대부분의 직원과 미군 군사고문단이 대피하기 시작했으며 일본을 포함한 많은 나라들도 이에 따랐다.

여기에는 우크라이나 주재 러시아 대사관도 포함되어 있었다. 러시아 외무부는 후에 이것이 '우크라이나와 제3국의 도발'을 우려한 조치였으며 우크라이나 주재 공관은 모두 풀타임으로 가동되고 있다고 발표했으나 이 즈음 필자는 전쟁 발발 가능성을 시간문제로 보았다.

이러한 결론은 필자의 아이덴티티 가운데 하나인 '군사 전문가'로서의 필자가 내린 것이었다. 필자의 또 다른 아이덴티티인 '러시아 전문가'로서의 필자는 아직 갈피를 잡지 못 하고 있었다. 단적으로 말하면 푸틴이 무엇을 하고 싶어 하는지 아직 파악하지 못했던 것이다.

앞서 말한 논문 「러시아인과 우크라이나인의 역사적 일체성에 대하여」를 읽어보면 푸틴이 우크라이나에 대해 민족주의적인 야망을 숨길 수 없게 된 것은 명확하다. 또한 푸틴이 논문을 발표한 3개월 후에는 그의 복심인 메드베데프 국가안전보장회의 부의장(전 대통령)이 러시아 경제신문 ≪콤메르산트≫에 같은 주장을 더 거칠게 쏟아냈다(Медведев, 2021.10.11).

메드베데프는 젤렌스키를 두고 러시아어가 모어이면서도 우크라이나 민족주의자로 변절한 배신자이며 이는 과거 유태인 지식인이 나치에 협력한 것과 같다고까지 비유했는데 이 말은 유태인 가정에서 태어난 젤렌스키에게는 지독한 모욕이었을 것이다(메드베데프도 유태계로 알려져 있다).

또 메드베데프는 우크라이나의 정치 지도자는 서방의 끄나풀이며 부패하고 아주 무능한 패거리들이라고 매도하면서 그들이 권력을 쥐고 있는 이상 협상은 무의미하다고까지 끌어내렸다. 참고로 이 논문은 '러시아는 기다릴 줄 안다. 우리는 인내심이 강하다'고 결론짓고 있지만, 오히려 그 반대로 시간이 얼마 남지 않았다고 우크라이나를 협박하는 것 같았다(실제로 그랬다).

하지만 푸틴과 메드베데프의 주장은 아무리 보아도 추상적이었다. 러시아인과 우크라이나인이 하나의 민족이라는 그들의 주장을 받아들인다 하더라도 그래서 어떻게 하자는 것인가? 젤렌스키 정권이 퇴진하면 되는가? 그다음에는 어떤 정권이 들어와야 러시아는 만족할 것인가? 그렇게 되면 어떤 관계를 강요하려고 하는 것인가?

단순하게 가능성의 문제로 본다면 러시아가 상정할 수 있는 시나리오의 폭은 상당히 넓다. 가장 과격한 시나리오는 정말로 전쟁으로 우크라이나를 정복하고 러시아에 합병하는 방법일 것이다. 그 다음가는 '과격 시나리오'는 젤렌스키 정권을 붕괴시키고 괴뢰 정권을 수립해서 사실상의 보호국으로 삼는 것이다. 한정 공격으로 동부의 돈바스 지역을 점령하여 러시아에 합병하거나 독립시킬 가능성도 있다.

하지만 그렇게 해서 얻을 수 있는 메리트가 아무래도 보이지 않았다. 2021년 12월 미국의 블링컨 국무장관이 예고한 대로 러시아가 그런 행동으로 나올 경우, 서방은 강력한 경제 제재로 대응할 것이고 그렇지 않아도 정체하고 있는 러시아 경제는 괴멸적인 타격을 입을 것이다. 그래서 러시아가 얻는 것은 무엇이란 말인가? 푸틴과 우파 민족주의자가 만족할 뿐이 아닌가?

여기서 '러시아 전문가'로서의 필자는 지난 가을과 같은 결론을 내렸다. 즉 러시아의 목적은 우크라이나와 서방의 접근을 중단시키는 것이며, 그 수단으로서 군사적 압력을 가하여 젤렌스키에게 제2차 민스크 합의 이행 또는 '제3차 민스크 합의' 같은 것을 받아들이게 함으로써 우크라이나가 러시아를 거스르지 못하도록 하려 한다고 판단한 것이다. 이제 와서 보면 낙관적인 관측에 지나치게 치우친 결론이었지만 푸틴이 구체적인 메리트도 없이 전쟁을(그것도 매우 큰 규모의 전쟁을) 일으키려고 한다는 사실을 당시 '러시아 전문가'로서의 필자는 도저히 믿을 수 없었다.

## 푸틴의 '하라쇼'

개전 열흘 정도 전에는 이러한 판단이 맞은 것처럼 보인 시기도 있었다.

바이든이 러시아의 침공 시기를 '2월 16일'이라고 밝힌 직후인 2월 14일, 푸틴은 크렘린에서 라브로프 외교장관 및 쇼이구 국방장관과 회의를 했다. 대통령이 각료와 회의하는 일은 결코 드물지 않지만, 이 회의는 사전에 대통령실이 발표하고 그 모습을 TV 중계까지 하는 등 공을 들였기 때문에 무언가 중대발표를 하리라 예상했다. 확실히 사람들의 이목을 끄는 회의였다.

우선 라브로프와의 회담부터 살펴보자. 이때 라브로프는 "나토 불확대 등에 관한 러시아의 제안에 대한 서방의 답변은 매우 불만족스러웠다", "언제까지나 무한정으로 대화를 계속할 생각은 없다"라고 하면서 "군비 관리 등에 관해서는 미국으로부터 주목할 만한 제안이 있었다", "기회는 아직 끝나지 않았으며 지금은 대화를 계속할 때다" 등의 발언을 했다. 이에 대해 푸틴 대통령은 "하라쇼(좋소)"라고 답변했다. 이를 말 그대로 해석한다면 당분간 전쟁을 하지 않고 협상을 계속한다는 것이다.

이어서 카메라 앞에 등장한 쇼이구는 '새로운 설정'을 들고 나왔다. 우크라이나 주변에 러시아군이 집결한 것은 전년 12월부터 계획된 군사연습으로서 그 '일부는 이미 끝나가고 있으며 나머지 일부도 조만간 끝난다'는 것이다. 또한 쇼이구는 이 군사연습의 일환으로 활동 중인 태평양함대에 미국의 잠수함이 접근했다고도 주장했지만 어쨌든 군사연습은 끝나가고 있다고 재차 말했다. 푸틴의 대답은 이번에도 '하라쇼'였으며 다음 날인 2월 15일에는 러시아 국방부의 코나셴코프 대변인이 '부대 철수가 시작됐다'고 발표했다.

또한 코나셴코프의 발표가 있던 2월 15일에는 막 취임한 올라프 숄츠 독일 총리가 모스크바를 방문하여 푸틴과 회담했다. 숄츠는 푸틴과의 회담 직전에 키이우에서 젤렌스키와 회담하며 '제2차 민스크 합의 이행에 필요한 헌법 개정 등의 입법 조치를 3자접촉그룹TCG에서 논의하자'는 언질을 받았다.

TCG(Trilateral Contact Group)는 제1차 러시아-우크라이나 전쟁 중인 2014년 6월에 설치된 OSCE, 러시아, 우크라이나 간의 대화 장치이며 제1차 및 제2차 민스크 합의에 대한 논의를 위한 중요한 플랫폼 역할을 해왔다. 그렇다면 젤렌스키가 숄츠에게 약속한 내용은 제2차 민스크 합의를 이행하라는 러시아의 요구에 상당히 접근한 것이라고 해석할 수 있다.

당연히 이 내용은 푸틴에게도 전달되었으며 회담 후 공동 기자회견에서도 숄츠는 위기 해결로 이어질 것이라는 기대감을 강하게 드러냈다. 게다가 숄츠의 키이우 방문에 앞서 영국 언론 ≪가디언≫은 숄츠 정권 내에서는 우크라이나가 나토에 향후 10년 이내에는 가입하지 않는다고 약속하는 대신에 러시아는 침공하지 않는다는 교환조건이 검토되고 있다(The Guardian, 2022.2.14.)고 보도했다. 다만 이 계획이 실제로 독일과 우크라이나 간에 협의가 된 것인지, 푸틴에게도 전달된 것인지는 명확하지 않다.

마지막으로 2월 15일에는 또 다른 중요한 움직임이 있었다. 러시아 하원이 우크라이나의 친러파 무장세력('도네츠크 인민공화국'과 '루간스크 인민공화국'이라고 자칭하고 있다)의 독립을 승인하도록 푸틴에게 요청하는 결의안을 가결한 것이다. 이제까지 여러 번 언급한 제2차 민스크 합의에 의하면 이 두 지역은 정전 후 우크라이나 영토로 재통합하도록 되어 있으므로 이것에도 푸틴이 "하라쇼"라고 하면 분쟁 해결의 길은 막혀버리며 전쟁의 위험은 여전히 가시지 않게 된다.

하지만 푸틴은 "의원 여러분은 인민의 마음을 잘 알고 있다"라고 하며 취지에는 찬동한다는 것을 나타내면서도 "문제 해결은 민스크 프로세스에 따라야 한다"라며 결의안의 수용을 일단 보류하는 태도를 취했다.

## '학살' 발언과 팽창하는 러시아군

라브로프의 협상 지속 노선에 대한 푸틴의 동조, 러시아군의 철수, 젤렌스키가 숄츠에게 약속했다는 제2차 민스크 합의 이행을 위한 행동, 친러파 무장세력에 대한 국가 승인 보류. 이러한 움직임들은 마치 군사적 압력으로 정치적 합의를 강요하려는 의도가 아닌가 하는 필자의 예상을 뒷받침하는 것이라고 당시에는 보였다.

또한 이 시기에 푸틴은 프랑스의 마크롱 대통령과도 빈번하게 전화회담을 하고 있었다. 때로는 7시간을 넘었다고도 하는 회담 내용은 거의 평행선이었다고 하지만 일단 대화는 지속되고 있는 것처럼 보였으며 20일에는 마크롱의 중재로 미-러 정상이 조만간에 직접 회담한다는 합의가 성립되었다고 프랑스 대통령실이 발표했다(Élysée, 2022.2.20).

그러나 나중에 숄츠와의 공동 기자회견을 다시 검토해보면 푸틴이 나토와 우크라이나를 신중하게 구별하면서 말하고 있다는 점을 알 수 있다. 푸틴은 독일과의 경제 관계 중요성을 강조하고 나토와는 '대화 준비가 돼 있다'고 하면서도 우크라이나에 대해서는 젤렌스키 정권이 분쟁 해결을 위한 합의를 이행하려고 하지 않는다는 종래의 주장을 되풀이할 뿐이었다. 또한 푸틴은 기자회견에서도 그 직전에 숄츠가 얻어냈다는 젤렌스키와의 합의, 즉 '제2차 민스크 합의 이행에 필요한 헌법 개정 등의 입법 조치를 TCG에서 논의하자'는 내용에 대해서는 전혀 언급하지 않았다.

공동 기자회견에서는 이런 장면도 있었다. 독일의 방송국 '도이체 벨레' 기자가 "전쟁을 시작할 작정이냐?"라며 단도직입적으로 질문했을 때였다. 푸틴은 "나토는 유고슬라비아에서 전쟁을 시작하지 않았느냐"라면서 서방에 대한 비판으로 되받아쳤다. 이에 대해 기자가 '유고슬라비아에서는 학살 위험성이 있어서 개입한 것'이라고 물고 늘어지자 푸틴은 "지금 돈바스에서 일어나고 있는 것이 학살이라고 우리는 보고 있다"라고 대답했다.

'학살'이라는 말은 숄츠와의 회담에서도 나왔는데(이때 숄츠는 약간 흠칫한 것 같았다), 푸틴은 '네오나치'인 젤렌스키 정권이 단순하게 러시아계 주민을 박해하고 있을 뿐만 아니라 '학살'에까지 이르고 있다는 스토리를 개전 전에 내세우고 있었던 셈이다.

따라서 푸틴이 라브로프와 쇼이구에게 한 '할라쇼'라는 태도 완화는 서방에 대한 것일뿐, 우크라이나에 대해서는 강경 자세를 유지하고 있었다고 해석했어야 했다.

또한 쇼이구와 코나셴코프의 발언과는 달리 러시아군의 철수도 실제로는 전혀 이루어지지 않았다. ≪월스트리트저널≫에 의하면 숄츠와 푸틴의 회담으로부터 3일 후인 2월 18일 시점에 우크라이나 국경 주변 러시아군은 125개 BTG로 전년도 12월의 예상을 넘는 규모로까지 팽창해 있었다. 바이든 대통령도 "푸틴 대통령이 우크라이나 침공을 결단했다고 확신하고 있다"라며 강한 자세를 풀지 않았다(Lubold, Gordon and Trofimov, 2022.2.18).

또한 바이든은 러시아의 침공이 제트 전투기, 전차, 탄도미사일, 사이버 공격 등을 폭넓게 조합한 것이 될 가능성이 있으며, 목적은 '우크라이나 정권의 무력화', 즉 정권 붕괴라고까지 말했다. 제3장에서 살펴보겠지만, 이 예측은(젤렌스키 정권이 견뎌냈다는 사실을 제외하고) 거의 정확했다.

또한 2월 19일, 러시아군은 대륙간 탄도미사일ICBM 등을 동원한 전략핵부대 대규모 군사연습을 개시했다. 러시아군은 이런 군사연습을 매해 실시하고 있으나 통상적으로 그 실시 시기는 가을에 군관구 대규모 군사연습이 끝난 다음이었다. 그런데 2021년에는 9월에 '자파드 2021'이 종료된 다음에도 전략핵부대 대규모 군사연습을 개시하지 않았고 결국 그다음 해에 실시한 것이 이 문제의 연습이다. 러시아의 군사 독트린을 포함한 여러 군사 관련 문서에는 자국의 군사력 행사를 서방이 방해하지 못하도록 하기 위해서 핵무기를 이용하는 것으로 되어 있는데 여기에는 실제 핵 사용에서부터 군사연습으로 협박하는 것까지 폭넓게 포함되어 있다(小泉, 2021). 이렇게 보면 러시아군은 이 시기에 완전히 교과서적으로 서방에 핵 위협을 가하면서 우크라이나 침공 준비를 마친 것이다.

그러나 그 당시 필자는 전쟁 위험은 일단 멀어졌거나 군사력 행사가 있다 하더라도 제2차 민스크 합의 이행을 받아들이게 하기 위한 한정적인 행동에 머무를 거라는 낙관적 관측에 사로잡혀 있었다.

## 바늘방석에 앉은 라브로프

"이번 사태는 러시아가 군사적으로 압박해서 우크라이나가 제2차 민스크 합의를 이행하도록 하는 것으로 끝날 것으로 보입니다."

필자가 TV프로그램의 온라인 인터뷰에서 이렇게 정리한 다음 날 모든 예측이 틀렸다는 것이 확실해졌다. 2월 21일 국가안전보장회의 확대회의를 개최한 푸틴은 우크라이나 동부의 자칭 '도네츠크 인민공화국'과 '루간스크 인민공화국'을 정식 국가로 승인했다. 앞서 말한 대로 이것은 러시아가 제2차 민스크 합의에 따른 분쟁 해결을 완전히 포기한다는 것을 의미한다.

이 안전보장회의는 모든 것이 기묘했다. 통상적으로 안전보장회의를 할 때는 푸틴이 인사말을 하는 장면만 대통령실 사이트에 게재될 뿐, 구체적인 논의 내용은 공개되지 않는다. 그러나 이날 확대회의는 전체 과정이 TV 중계되었다. 푸틴이 도네츠크와 루한스크의 국가 승인에 관한 하원의 요청을 받아들일지에 대해 논의한다고 한 후, 국가안전보장회의 멤버들이 차례차례로 단상으로 불려 나와 발언하는 방식이었다.

먼저 호명된 라브로프 외상은 나토의 자세를 비난하면서도 대화에 진척이 있으니 대화를 계속해야 한다고 말했다. 또한 라브로프는 12월에 송달한 조약안에 대한 추가적인 대화가 2월 24일에 이루어질 예정이라는 점도 밝혔다.

그런데 이에 대한 푸틴의 반응은 부정적이었다. 서방의 태도에 변화가 없다는 것이다. 푸틴은 라브로프에게 어제 프랑스의 마크롱 대통령이 '미국의 태도가 변했다'고 했는데 어떤 점이 변했느냐고 다그쳤다. 라브로프는 대답하지 못했다. 푸틴은 그 변화가 어떤 것인지 모르는 건 말이 안 되는 것 아니냐고 하면서 '나는 이렇게 이해하고 있는데?'라고 물었다.

이에 대해 라브로프는 나토 확대에 관한 서방의 태도가 변하지 않은 것은 분명하지만 여전히 프랑스의 중재로 미국과 대화를 계속하겠다는 의미의 대답을 했다. 결국 라브로프는 '도네츠크 인민공화국'과 '루간스크 인민공화국'의 국가 승인 문제에 대한 자신의 생각을 끝까지 밝히지 않은 채 발언을 끝냈다.

다른 멤버들은 대체적으로 푸틴의 노선을 지지하는 발언을 이어갔다. 예를 들면 라브로프 다음으로 발언권을 이어받은 드미트리 코작 부총리(구소련 영역 담당)는 '우크라이나는 분쟁 해결 의사가 없으며 독일과 프랑스가 중재하는 방식에는 친러파 무장세력과의 직접 대화가 포함되어 있지 않으므로 무익하다'고 주장했다. 직전에 라브로프가 프랑스 중재로 대화를 계속하자고 주장했던 것을 뒤집는 것처럼 보였다.

회의 후반 발언한 니콜라이 파트루셰프 러시아연방 안전보장회의 의장은 라브로프의 발언을 지적하면서 미-러 협상은 '협상을 위한 협상'이며 미국의 진짜 속셈은 러시아를 붕괴시키는 것이라고 단언했다. 러시아 정부 고관이 카메라 앞에서 동료를 비판하는 모습이 공개되는 일은 매우 이례적이다. 이것만 보더라도 이 확대회의가 매우 '기묘'했다고 하는 필자의 인상을 쉽게 이해할 수 있을 것이다.

'도네츠크 인민공화국'과 '루간스크 인민공화국'의 국가 승인에 대해서 제일 먼저 명확하게 찬성한 것은 메드베데프였다. 알렉산드르 보르트니코프 연방보안국FSB 장관과 쇼이구 국방장관이 돈바스의 전투 격화 상황과 우크라이나군 집결에 대해 보고한 후, 메드베데프는 현지 러시아계 주민과 재외 러시아인을 보호하기 위해서는 국가 승인밖에 방법이 없다고 분명하게 말했다(메드베데프는 80만 명의 러시아 국적자가 이 지역에 살고 있다고 하였으나 대부분은 제1차 러시아-우크라이나 전쟁 개전 후에 러시아 여권을 발급받은 현지인들이다).

또한 메드베데프는 서방으로서는 러시아가 우크라이나보다 훨씬 중요한 존재이기 때문에 서방과의 긴장은 언젠가는 완화될 것이고 국민들도 국가 승인을 환영할 것이라고 했다. 다음에 등단한 뱌체슬라프 볼로딘 하원의장, 발렌티나 마트비엔코 상원의장, 미하일 미슈스틴 총리도 국가 승인을 명확하게 지지했다.

## 갑질 회의

세르게이 나리시킨 대외정보국SVR 국장은 분명치 않은 태도를 보였다. 그는 '우크라이나가 제2차 민스크 합의를 이행하게 해야 한다. 그렇지 않으면 지금 의제에 올라가 있는 문제를 결정해야 한다'고 말했다. '도네츠크 인민공화국'과 '루간스크 인민공화국'의 국가 승인을 어디까지나 조건부로 하고 싶어 하는 태도가 드러나는 말투였다. 푸틴은 이 말을 묵인하지 않았다. '그렇지 않으면'이란 말은 무슨 뜻인가? 협상을 시작하라는 것인가? 아니면 국가 승인을 전제로 하고 있는 것인가? 명확하게 말해 달라. 이렇게 따지자 나리시킨은 '승인 제안을 지지한다'고 대답하려고 했으나 푸틴은 'Поддержу или поддерживаю?'라고 재차 다그쳤다. 'Поддержу'이란 말도 'поддерживаю'도 '지지한다'로 번역되지만 러시아어 동사에는 불완료체와 완료체가 있다. 두 동사 가운데 전자는 대체로 '자신의 의사는 아니지만 제안이 있으면 지지한다'는 뉘앙스가 있는 데 반해 후자는 '지금 현재 자발적으로 지지한다'는 보다 적극적인 뉘앙스를 띄기 때문에 푸틴이 말하고자 한 것은 '본인의 생각을 확실히 말하라'는 것이다. 그래서 이번에는 'поддерживаю'이라고 나리시킨이 대답하려 하자 푸틴은 또 그의 발언을 막고 '네, 아니오로 대답하라'고 말했다.

'Поддержу'인지 'поддерживаю'인지 확실히 하라고 해서 그렇게 했더니 이번에는 다른 말로 다그치는 것이 마치 갑질처럼 보였다. 나리시킨은 완전히 혼란에 빠져서 '도네츠크 인민공화국'과 '루간스크 인민공화국'의 '편입'을 지지한다고 하며 횡설수설했다. 마치 돈바스 지역을 합병하라는 것 같았다. 이번에는 푸틴이 쓴웃음을 지으며 '지금 그 얘기하는게 아니다'고 하자 최종적으로 나리시킨은 '독립을 인정한다는 제안을 지지한다(поддерживаю)'고 말하고 자기 자리로 돌아갈 수 있었다.

군사적 긴장 고조, 전략 핵부대의 대규모 군사연습, 그리고 대반전의 긴장 완화 제스처, 그러나 마지막은 제2차 민스크 합의의 파기. 2022년 벽두부터 2월 21일까지 전개된 일들을 뒤돌아보면 마치 롤러코스터를 탄 느낌이다. 이 시기에 우크라이나를 둘러싼 정세를 주시하고 있었던 많은 사람들도 이런 느낌이었을 것이다. 이 롤러코스터의 제어판 앞에 앉아 있는 사람은 다름 아닌 푸틴이었으며, 이 롤러코스터가 어디로 다다를지도 그 밖에 모르고 있었다.

이윽고 롤러코스터의 행선지가 눈에 보이기 시작했다. 전쟁이었다. 더욱이 이 롤러코스터는 전혀 속도를 줄일 낌새를 보이지 않고 전속력으로 돌진하려 하고 있었다.

3부

# 특별군사작전

2022년 2월 24일~7월

# 1. 실패한 단기 결전 계획

## 참수 작전

2022년 2월 24일 오전 5시, 드디어 전쟁이 시작됐다. 이제 놀랍지도 않았다. 푸틴이 두 개의 '인민공화국'을 국가 승인한 직후, 미국의 바이든 정권은 푸틴과의 정상회담을 공식적으로 중지한다고 발표했으며 이로써 대화의 길은 완전히 끊어졌기 때문이다.

한편 개전 직전에 푸틴은 비디오 연설을 두 번 했다. 하나는 2월 21일 국가안전보장회의 확대회의에서 도네츠크와 루한스크의 국가 승인을 결정한 직후에 공개되었고 또 하나는 개전 당일인 2월 24일에 공개되었다. 이 두 차례 비디오 연설에서 푸틴이 한 말을 정리하면 다음과 같다.

- 현재의 우크라이나는 소련 시대에 인공적으로 만들어진 나라다.
- 러시아는 소련 붕괴 후에 우크라이나를 독립 국가로 승인했으나 현재의 우크라이나 정부는 서방의 끄나풀로 전락했다.

- 그들은 매우 부패했으며 네오나치 사상에 오염되어 있다. 러시아계 주민의 아이덴티티를 부정하며 이들을 강제적으로 우크라이나에 동화시키려 하고 있다.
- 우크라이나 정부는 민스크 합의를 이행할 의사가 없으며 폭격과 드론 공격으로 우크라이나 동부 사람들을 학살하고 있다. 러시아는 그들을 보호할 의무가 있다.
- 우크라이나는 핵무기를 개발하려고 하고 있어서 러시아뿐만 아니라 국제사회에도 위협이 된다.
- 나토는 훈련 기지라는 명목으로 우크라이나에 군사적 존재감을 전개하려 하고 있다.
- 과거 나토는 동방으로 확대하지 않겠다고 약속했으나 이는 결국 거짓이었으며 우크라이나의 나토 가입 가능성은 여전하다.
- 우크라이나에는 미국의 미사일 기지가 배치될 가능성이 있다. 순항 미사일은 35분, 초음속 무기는 5분 만에 모스크바에 도달한다.
- 이상과 같은 점을 근거로 러시아는 우크라이나에 대한 '특별군사작전'을 개시한다. 그 목적은 우크라이나의 비군사화 및 비나치화, 그리고 러시아계 주민 학살 저지이다.

전체적으로 보면 대체로 7월 21일 논문의 연장선에 있다. 새로운 점은 푸틴이 우크라이나의 '비군사화'와 '비나치화'를 내세운 점이다. 이것은 우크라이나를 무장해제시키고 더 나아가서는 러시아가 '네오나치'라고 부르는 젤렌스키 정권을 퇴진시키려는 것이라고 해석할 수 있다.

사실상 우크라이나의 속국화를 요구하고 있는 것과 마찬가지며 실제로 우크라이나도 이 발언을 그렇게 받아들였다(Офис Президента Украины, 2022.3.8). 또한 푸틴은 우크라이나가 핵무기를 개발하려고 하고 있다고도 주장하면서 젤렌스키 정권의 퇴진이 국제 안전보장에도 이바지한다는 모양새를 갖추었다.

이렇게 시작된 전쟁은 거의 미국이 예상한 대로 전개되었다. 러시아군은 개전과 동시에 우크라이나 북부, 동부, 남부로 침공하였으며 동시에 탄도미사일과 순항미사일로 우크라이나의 군사시설을 공격했다. 또한 러시아의 사이버 부대는 이전부터 계속 해오던 정부기관과 기업에 대한 디도스DDoS(분산 서비스 거부) 공격에 더하여 '와이퍼'라는 파괴적인 맬웨어(악성 소프트웨어)를 사용하여 공격하였으며 통신위성망 등의 인프라 시설을 기능하지 못하게 하려고 했다.

개전 직전에 바이든이 '제트 전투기, 전차, 탄도미사일, 사이버 공격 등으로 폭넓게 편성한' 공격 형태라고 예언한 내용이 완벽하게 들어맞았으며 이는 미국 정부가 상당히 깊숙한 정보원을 러시아 정부 내에 갖고 있음을 짐작하게 한다.

바이든의 예언은 또 다른 점에서도 정확했다. 러시아가 '우크라이나 지도부의 무력화'를 노린다는 전망이다. 이를 뒷받침하듯이 러시아군은 개전하자마자 키이우에서 불과 30Km 지점에 잇는 안토노프 공항에 공수부대를 침투시켰다.

후에 러시아 스파이로 체포된 인물(안드리 데르카치 최고회의의원 보좌관)의 증언 등에 의하면 작전의 전모는 다음과 같다.

- 무장 헬리콥터가 호위하는 수백 기의 수송 헬리콥터로 공수부대

를 보내 공항을 점거한다.

- 여기에 군수송기에 나눠 탄 후속 공수부대와 참모본부 정보총국 GRU의 2개 특별임무(스페츠나츠) 여단을 착륙시킨다.
- 스페츠나츠 여단은 키이우의 의회와 관청을 점거하고 임시회의를 소집해서 괴뢰 정권을 수립한다.

이 증언을 믿는다면 러시아군이 의도했던 것은 젤렌스키 등을 전격적으로 배제하여 정부를 와해시키는 이른바 '참수 작전'이었다는 얘기가 된다.

한편 우크라이나의 안드리 예르마크 대통령 비서실장은 이날 러시아의 드미트리 코작 대통령실 부실장으로부터 전화 한 통을 받았다. 단도직입적으로 '우크라이나는 항복해야 한다'고 압박하는 내용이었다. 예르마크는 이에 욕을 하며 전화를 끊었다고 한다. 같은 날 우크라이나의 올렉시 레즈니코프 국방장관도 벨라루스의 빅토르 프레닌 국방장관으로부터 전화를 받아 쇼이구의 메시지를 전달받았다. 레즈니코프의 대답은 '러시아의 항복을 받아들이겠다'는 것이었다고 한다.

## 러시아가 깔아 놓은 비밀 네트워크

러시아는 우크라이나의 '머리'를 잘라낼 뿐 아니라 '몸' 전체를 전격적으로 점령하기 위한 준비도 하고 있었다. 우크라이나 국내에 여러 개의 '민간 경비 회사'를 설립해 놓고 전쟁이 시작되면 그들이 러시아군의 진격로를 확보하고 경비한다는 계획이었던 것이다.

그 총책임자가 한때 레오니드 쿠치마 대통령 보좌관을 지낸 안드리 데르카치였다. 보도에 따르면 데르카치를 조종하고 있었던 것은 GRU의 블라디미르 알렉세예프 제1부총국장이었으며 제공된 자금은 수천만 달러에 이른다고 한다.

더군다나 러시아 협력자 네트워크는 우크라이나 국가보안국SBU 내부에도 침투해 있었다. 당시 SBU 장관은 젤렌스키의 소꿉친구인 이반 바카노우였으며 이 일이 발각되자 젤렌스키는 바카노우를 감독 소홀로 해임할 수밖에 없었을 정도였다(그러나 바카노우 자신도 개전 후에 갑자기 행방불명되는 등 수상한 행동을 한 것으로 알려졌으며 그가 정말로 감독 소홀만으로 해임된 것인지는 명확하지 않다).

그렇다면 러시아 연방보안국FSB은 그들에게 구체적으로 어떤 일을 시키려고 했는가. 첫 번째로는 우크라이나 정부의 정세 판단과 군 배치 등 민감한 정보를 러시아 측에 흘리는 것이었다. 두 번째로는 SBU 내에 깔아 놓은 협력자 네트워크가 러시아군의 침공을 위해 뒤에서 돕는 역할을 하기를 기대했다. 침공해오는 러시아군에 대한 군과 치안부대의 저항을 방해하거나 파괴 공작 등으로 전선의 후방을 교란시키는 임무였을 것으로 생각된다.

세 번째로 FSB는 점령 후 통치에서도 중심 역할을 하기로 되어 있었다. 개전 후 반년 정도 지나서 ≪워싱턴 포스트≫가 보도한 바에 의하면 FSB는 침공 개시 전후에 제5국 제2과의 이고리 코발렌코 과장을 키이우에 보낼 준비를 마치고 키이우 시내에 아파트까지 확보하고 있었다. FSB 제5국은 오랫동안 구소련 각국에서 첩보 활동과 내정 간섭 임무를 담당해오던 부서이다. 그중에서도 코발렌코는 메드베드추크를 포함한 많은 협력자를 우크라이나 국내에 확보해왔던 것으로 보이므로 러시아는 그에게 사실상의 '점령 정부 총독' 역할을 맡기려 했을 것이다(Miller and Belton, 2022.8.19).

또한 개전 후 1개월이 채 지나기 전에 영국 정부가 발표한 평가에는 러시아 정보기관과 깊이 연계된 인물로 세르히 아르부조프 전 제1부총리, 안드리 클루예프 전 제1부총리, 볼로디미르 시프코비치 전 국방안전보장회의 부의장, 미콜라 아자로우 전 총리 등의 이름이 올라와 있다.

이들은 모두 러시아의 후원으로 2010년에 집권한 빅토르 야누코비치 정권에서 각료를 지낸 인물들이며 유로마이단 혁명 후에도 러시아와의 연계가 끊어지지 않은 것으로 보인다. 영국 정부는 이 시점에 러시아가 젤렌스키 정권을 붕괴시키고 괴뢰 정권을 세우려고 한다는 전망을 제시했는데, 괴뢰 정부의 수반으로는 야누코비치와 가까운 관계에 있는 예브게니 무라예프를 후보로 생각할 수 있다고 밝혔다(Foreign Commonwealth & Development Office and The Rt Hon Elizabeth Truss MP, 2022.1.22).

## '특별군사작전'이란 무엇인가

2월 24일의 비디오 연설에서 푸틴은 이 전쟁을 '특별군사작전(специальная военная операция)'이라고 불렀다. 당시 이 연설을 접하고 필자는 국방법과 「러시아연방 군사 독트린」 등 군사 안전보장에 관한 많은 기본 문서를 찾아보았으나 이것의 정의를 찾아낼 수 없었다. 따라서 푸틴이 말하는 '특별군사작전'이 도대체 무슨 의미인지, 그것이 전쟁과 어떻게 다른지 확실하게 정의하지 않은 채 러시아군은 우크라이나를 침공한 것이다.

그러나 개전 직후에 일어난 일련의 사태와 그 후에 밝혀진 정보를 검토해보니 푸틴의 의도가 무엇인지 명확해졌다. 안토노프 공항을 점거하는 '참수 작전'으로 젤렌스키 지도부를 배제하고, 러시아군이 우크라이나 전국토를 GRU와 FSB가 포섭한 내통자의 도움으로 전격적으로 점령한다는 것이다.

그렇다면 '특별군사작전'이 의미하는 것은 '군대는 투입하지만 치열한 전투를 수반하지 않는 군사작전' 정도였던 것으로 추정된다. 사태가 푸틴 생각대로 진행되었다면 우크라이나에는 일찌감치 괴뢰 정권이 세워졌을 것이다. 이 경우 러시아의 행동에 대한 국제사회의 대응도 그렇게 혹독하지는 않으리라는 기대도 있었을 것이다.

실제로 2014년 이후 러시아는 서방의 제재를 받으면서도 전체적으로는 에너지 수출을 바탕으로 경제적으로 버텼으며, 2021년에는 노르트스트림2에 대한 제재도 완화되었다. 우크라이나 점령을 전격적으로 기정사실로 만들어 버리면 나머지 문제는 해결된다고 푸틴은 생각했을 수 있다.

## 도망치는 내통자들

한편 얼핏 주도면밀해 보이는 러시아의 전략은 결과적으로 계획에 그쳤다. 러시아의 의도가 완전히 빗나간 것은 아니었다. 우크라이나 남부 헤르손 주와 자포리자 주는 애당초 우크라이나군의 병력 배치가

적었던 탓도 있어서 러시아군은 큰 힘 들이지 않고 점거할 수 있었다.

FSB가 깔아 놓은 내통자 네트워크도 일정한 효과를 발휘했다. 러시아군의 침공과 동시에 상당수 SBU 간부가 행방을 감추어버려서 방어 체제에 혼선이 생겼다. 그 우두머리가 국내 보안 업무를 총괄하던 안드리 나우모우 보안국장인데 그는 개전과 동시에 모습을 감추었으나 약 4개월 후에 거액의 현금을 가지고 몬테네그로로 도망가려는 것을 세르비아 내무부가 체포했다. 또한 러시아군이 침공해오자 일부 자치단체에서는 단체장이 무혈로 점령지를 내주거나 FSB의 자금을 받은 지역 검찰이 점령에 저항하는 단체장을 체포하는 사례도 있었다고 한다.

쳐들어온 러시아군에 대항한 것은 우크라이나군과 내무부 국가친위군 등의 군사 조직이었는데 여기서는 배신 또는 도주 이야기가 별로 들리지 않는다. 그러나 후방 지역에 있는 도시와 중요 시설 경비는 SBU 관할이었기 때문에 이곳의 간부들이 잇달아 도주하면서 방어망에 구멍이 뚫리는 사태가 발생했다.

예를 들면 키이우 북쪽에 위치한 초르노빌(체르노빌) 원전에서는 SBU에서 파견되어 온 경비 책임자가 개전과 동시에 모습을 감춤으로써 저항 한 번 제대로 못 해보고 러시아군에 점거당했다. 이 경비 책임자는 원전이 러시아군에 포위되어 있는 동안 후임 책임자에게 전화를 걸어 '부하의 목숨을 헛되게 하지 말라'며 설득했다고 하니 아마 러시아의 협력자였을 것이다. 제2의 도시 하르키우 방어전에서는 SBU 현지 지국장이 부하를 데리고 도주하는 사태까지 일어났다.

이와 같이 SBU 내부 협력자들은 적극적으로 길잡이가 되어 러시아군을 맞아들이기보다는 그냥 임무를 포기하고 도주하는 패턴이 많았다. 처음부터 그렇게 하자고 정해 놓은 것인지 어떤지는 확실하지 않다. 우크라이나 보안기관을 마비시키기 위해서 FSB가 일종의 태업 작전을 짰을 수도 있다. 아니면 내통자들은 정말로 전쟁이 일어나리라고는 생각하지 않고 진심으로 협력할 생각은 없이 그저 FSB한테서 돈만 받았다가 진짜로 전쟁이 일어나자 내통이 발각되는 것이 두려워져서 도주했을 가능성도 있다.

GRU가 데르카치에게 만들게 했던 민간 경비 회사가 개전 당시에 어떻게 움직였는지는 확실하지 않다. 현재까지 두드러진 보도가 없는 것을 보면 그들이 계획한 대로 러시아군의 길잡이를 했다고는 생각되지 않는다. 대체로 GRU가 보낸 돈 대부분은 데르카치의 주머니로 들어갔다고 하니 '민간 경비 회사'라는 것도 러시아에서 돈을 받아내기 위한 페이퍼 컴퍼니였을 가능성도 있다.

이와 같이 보자면 러시아는 다수의 내통자를 우크라이나 국내에 확보하고 있었지만 그다지 큰 도움을 받지는 못한 것으로 보인다.

## 오만과 편견

러시아의 또 하나의 오산은 키이우 공략에 예상 이상으로 품이 들었다는 것이다. 안토노프 공항을 점거하려고 한 러시아 공수부대는 우크라이나의 스페츠나츠 부대와 내무부 국가친위군의 격렬한 저항을 받았다. 한때는 러시아군이 점거에 성공했지만, 밤에는 우크라이나군이 되찾았다. 이에 대해 러시아군은 200대의 헬리콥터로 제2파를 보내서 최종적으로는 공항을 확보했지만 우크라이나는 포사격과 전투폭격기 공격으로 활주로를 파괴하여 후속 수송기 부대가 착륙하지 못하도록 했다(Washington Post, 2022.8.24).

당시 공항 방어를 맡았던 우크라이나 사령관은 ≪아사히 신문≫의 취재에서 '그것이 결정적이었다'고 대답했다. 그의 말을 요약한 다음 문장은 그때 상황을 단적으로 설명해준다(金成, 2022.8.24). 공수부대와 스페츠나츠는 일반 러시아군에 비해 숙련도가 높지만 기본적으로는 중장비가 부족한 경보병부대에 지나지 않는다. 따라서 중장비를 갖춘 후속 부대 수송기가 착륙할 수 없다는 것은 키이우를 점거하고 젤렌스키 정권을 배제한다는 전쟁의 기본 구상 자체가 깨져 버렸다는 것을 의미한다. 러시아군의 '참수 작전'은 이 시점에서 실패로 끝났다.

러시아는 정말로 공중 강습 작전(헬리콥터를 이용한 부대 전개)과 그것에 이어지는 '참수 작전'이 성공하리라고 생각했을까? 공중 이동하는 경보병부대의 취약점을 러시아가 모르고 있었다고는 생각하기 어렵다. 오히려 러시아 공수부대는 이 점을 강하게 인식하고 있었기 때문에 공수 가능한 전투 차량 개발과 배치에 세계 그 어느 나라보다 열심히 대비해왔다. 그러나 그것도 교두보(안전한 착륙 지점)가 확보된 다음의 일이다. 헬리콥터로 운반할 수 있는 정도의 경(輕)전력만으로 적국의 수도에서 엎어지면 코 닿을 곳에 있는 공항을 확실하게 장악할 수 있다고 생각한 근거가 무엇이었는지 도저히 알 수가 없다. 우크라이나에 대한 러시아의 군사적 압력은 거의 1년 넘게 지속되어왔다. 그렇다면 상식적으로 공항 같은 중요 시설은 엄중하게 방어되고 있다고 생각하는 것이 보통이다. 어떻게든 러시아 측 입장을 해명하자면 '우크라이나의 방어부대는 사기가 낮을 것이다'는 희망적 관측을 했다고 밖에 생각할 수 없다. 실제로 2014~2015년의 제1차 러시아-우크라이나 전쟁에서 우크라이나군은 러시아 정규군에게 거의 대적이 되지 않았으므로 그런 이미지를 러시아가 계속 가지고 있었을 수도 있다.

하지만 그 후에 우크라이나군이 상당한 노력을 기울여서 군 개혁을 진행해왔다는 사실을 러시아도 충분히 알고 있었을 것이다. 그런데도 러시아군은 왜 우크라이나군을 얕본 것일까? 거기에는 '우크라이나 사람은(군대가 아니라) 약하다'는 민족주의적 우월감 같은 것이 섞여 있었던 아닐까? 이런 관측은 상당한 시간이 지나지 않는 한 정확하게 검증하기 어렵겠지만 러시아군의 초기 작전 구상에는 아무래도 그런 냄새가 난다.

제안 오스틴의 소설 『오만과 편견』은 제목 그대로 오만과 편견이라는 두 요소가 남녀 간에 충돌을 일으키지만, 마지막에는 로맨스로 결실을 맺는다. 그렇지만 러시아의 '오만과 편견'이 가져온 것은 뼈아픈 군사적 실패였다.

## '죽지 않은' 젤렌스키

러시아의 마지막 오산은 볼로디미르 젤렌스키라는 정치가의 역량을 잘못 본 것이었다.

제1장에서 본 바와 같이 정치 경험이 거의 없이 대통령이 된 젤렌스키는 시종 푸틴의 페이스에 말려들었다. 또한 이번 전쟁이 시작되기 직전까지 젤렌스키는 '임박한 침략의 위험은 없다'는 발언을 되풀이해왔으며 2월 1일에는 3년에 걸쳐서 병력을 10만 명 증강한다는 느긋한

군 개혁안을 승인했었다. 젤렌스키가 사태의 심각성을 개전일까지 인식하지 못한 것이 아닐까 하는 의구심이 생기는 것도 사실이다.

후에 젤렌스키는 전혀 그런 건 아니었다고 주장했다. 그는 전쟁 가능성을 거듭 부정한 것은 경제가 혼란에 빠져서 러시아에 대한 저항력이 오히려 약화되는 것을 우려했기 때문이었다고 말했다. 또한 젤렌스키는 우크라이나가 러시아의 침략에 버틸 수 없다고 본 서방 나라들이  러시아가 세울 괴뢰 정권과 협상할 생각을 하고 있을지도 모른다는 의심을 품고 있었던 모양이다(Washington Post, 2022.8.16).

과연 젤렌스키가 침략의 위험성을 정말로 파악하고 있었는지, 스스로의 판단 미스를 감추려고 하는 것인지, 진상은 확실하지 않지만 확실한 것은 개전 후에 젤렌스키가 상황을 매우 잘 대처했다는 것이다. 즉 유사시의 지도자는 이래야 한다고 모두가 생각하는 대로 그는 행동했다.

예를 들면 개전 다음 날 밤, 젤렌스키는 자신의 스마트폰으로 촬영한 셀카 영상을 인터넷으로 공개했다. 밤에 관청가에 서 있는 젤렌스키는 양복이 아니라 군복 같은 초록색 셔츠를 입었으며 주위 남자들도 마찬가지였다. 젤렌스키는 '여기에는 국회 각 당 대표들도 있습니다. 대통령 비서실장도 있고, 총리도 있고 (대통령실 고문인) 포돌랴크도 있고 대통령도 있다'며 한 명씩 소개하며 러시아에 대한 철저 항전을 호소했다. 정부 수뇌부가 도망가지 않고 남아 있다는 것을 셀카 영상이라는 매우 현장감 있는 모습으로 보여준 것이다.

그 후에도 젤렌스키는 대통령 집무실 등에서(틀림없이 수도에 있다는 것을 알 수 있도록) 대략 이틀에 한 번 정도로 셀카 영상을 계속 공개했다. 대국의 침략이라는 사태를 맞아 극도의 불안 속에 있는 국민들에게 이 포퍼먼스는 매우 효과가 있었다.

사실 미국은 개전 후 젤렌스키 정권에 망명을 권했다고 한다. 하지만 이때 젤렌스키는 '전투가 일어나고 있는 것은 이곳이다. 필요한 것은 탄약이며 (망명을 위한) 이동 수단이 아니다'고 대답했다고 한다. 여기서 젤렌스키가 미국의 권유에 따라서 망명을 선택했다면 전쟁의 귀결은 전혀 다른 것이 되었으리라고 생각하면 젤렌스키의 결단은 안토노프 공항의 우크라이나 군부대의 항전과 함께 '결정적'인 것이었다.

이 점에 대해서 제1장에서 소개한 저널리스트 루덴코는 '푸틴은 젤렌스키가 죽었으면 했다. 물리적으로는 몰라도, 정치적으로는'이라고 말했다(ルデンコ, 2022). 즉 러시아에게 가장 좋은 시나리오는 개전과 동시에 젤렌스키가 도주해서 국민의 신뢰를 잃는 사태였다.

이것이야말로 푸틴이 노린 전격적인 우크라이나 점령이라는 구상의 핵심이었으며, 수도에 남기로 한 젤렌스키의 결단은 그야말로 그를 정치적인 사망에서 구한 것이었다. 동시에 이는 푸틴의 플랜 A, 즉 단기간에 젤렌스키 정권을 붕괴시키고 괴뢰 정권을 수립한다는 목표가 실패로 끝났음을 의미하는 것이기도 했다.

## 2. 우크라이나의 저항

### 버티는 우크라이나군

그 결과 러시아군의 '특별군사작전'은 새로운 단계에 접어들었다. 아니, 떠밀리듯 그런 상황으로 넘어갔다고 하는 것이 좋을 것이다. '참수 작전'도, 길잡이 노릇을 하는 내통자를 통한 전격 점령도 모두 실패로 끝나게 되면 남는 방법은 통상적인 전쟁으로 우크라이나군을 타도하여 러시아 지배하에 두는 방법밖에 남지 않기 때문이다.

이렇게 되면 우크라이나군의 군사력은 거의 무력하다는 것이 서방측 대부분의 견해였다.

예를 들면 전쟁이 시작되기 조금 전, 미국 CSIS의 에밀리 하딩은 이번 전쟁의 예상 시나리오를 발표했다. 그는 우크라이나가 나토의 지원을 받을 수 있는지 여부를 세로축으로, 러시아의 침공 규모가 어느 정도인지를 가로축으로 하여 표로 만들었다. 나토의 지원이 없을 경우 우크라이나는 러시아의 지배를 받아들일 수밖에 없다는 것이 기본 예상이었다. 또한 나토의 지원이 있을 경우에도 우크라이나군이 조직

[표1] 하딩의 예상 시나리오

| | 러시아의 돈바스 점령 | 러시아의 동부와 키이우 점령 | 러시아의 우크라이나 전국 점령 |
|---|---|---|---|
| 나토 가맹국의 반란 지원 | **1. 거의 현상 유지** 도네츠크와 루한스크에서 전투 지속 | **2. 서우크라이나 vs 동우크라이나** 냉전시대 베를린과 같이 서부 vs 동부의 다이나믹스 출현 | **3. 국경을 넘는 작전** 우크라이나와 국경을 접하는 나토 가맹국을 통한 반란 지원으로 모스크바와 긴장 고조 |
| 러시아의 우크라이나 인민 정복 | **4. 돈바스의 크림화** 우크라이나와 유럽은 모스크바의 영토 점령에 반대하지만 대응은 한정적 | **5. 위협받는 서우크라이나** 러시아는 동부를 친러파 지역화하여 지배한다. 친서방 측인 서부는 경제적, 군사적으로 약체화한다. 러시아는 서우크라이나를 불안정화 시켜서 다음 목표로 설정한다 | **6. 푸틴의 대승** 우크라이나를 손안에 쥔 푸틴은 이것을 빌미로 나토 주변부의 구소련 각국을 위협한다 |

출처 : Harding(2022)에 게재된 표를 필자가 번역

적인 저항을 하는 것은 거의 불가능하며 군대를 게릴라 부대로 개편하여 나토 가맹국을 배후지로 하면서 반란작전insurgency operation으로 나갈 수밖에 없다는 것이 하딩의 결론이었다(Harding, 2022.2.15).

러시아의 침공 개시 전후에 미국이 실행한 우크라이나에 대한 군사원조도 이 같은 판단에 따라 이루어진 것처럼 보인다. 당시 미국이 우크라이나에 제공한 것은 대전차 미사일 재블린과 스팅어 보병 휴대용 지대공 미사일MANPADS(Man-portable air-defense system) 등 병사가 어깨에 멜 수 있는 무기 중심이었으며 전차, 장갑차, 곡사포 등의 중장비는 포함되지 않았다. 유럽 각국의 군사원조도 비슷한 내용(영국제 NLAW 대전차 미사일과 독일이 보유한 소련제 스트렐라 MANPADS)이었다

는 점을 생각해보면 유럽 각국도 우크라이나군이 정규군만으로는 러시아군에 정면으로 맞설 수 없다고 생각한 것 같다. 우크라이나의 드미트로 쿨레바 외무장관이 개전 후에 밝힌 에피소드는 보다 더 적나라하다. '매우 영향력이 큰 어느 유럽 국가'에 주재하는 우크라이나 대사가 그 나라 외무장관에게 군사원조를 요청하자 다음과 같은 말을 들었다고 한다(The New Voice of Ukraine, 2022.3.16). "솔직하게 말해서 길어야 48시간 내에 모든 것이 끝나고 새로운 세상이 펼쳐질 텐데 왜 귀국을 도와야 합니까?"

그러나 우크라이나의 저항력은 서방의 예상을 훨씬 뛰어넘었다. 개전으로부터 한 달 동안 우크라이나군은 조직적인 전투력을 유지하고 특히 키이우, 체르니히우, 수미, 하르키우 같은 북부 주요 도시를 끝까지 지켜냈다. 이들 지역에 대한 공략을 담당한 부대가 러시아 동부군관구, 서부군관구를 중심으로 추려낸 주력부대였다는 점을 생각하면 그야말로 경탄할 만한 끈기라고밖에 할 수 없다.

## '성 재블린'의 가호 아래

우크라이나군이 러시아군의 맹공격에 이제까지 견딜 수 있었던 이유는 무엇일까? 몇 가지 이유를 들 수 있다.

첫 번째로 우크라이나군은 결코 약하지 않았다는 점이다. 우크라이나의 총병력은 개전 전 시점을 기준으로 약 19만 6000명이었으며 이는 구소련 국가 중에서 2위의 군사력이다. 또한 우크라이나는 내무부의 중무장부대이자 돈바스 지역에서 전투를 치른 국가친위군 6만 명,

국경경비대 4만 명 등 유력한 준군사부대를 보유하고 있으며 이들까지 합하면 총병력이 30만 명에 달한다(IISS, 2022).

러시아군의 침공 병력은 15만 명(개전 전 바이든 대통령의 발언), 친러파 무장세력을 합하면 19만 명 정도(같은 시기 미국 OSCE 대표의 발언)이므로 사실은 정면 전력 비율로는 우크라이나가 우세했다. 곡사포와 다연발 로켓 시스템 등 화력, 전차, 장갑차 등 기갑 전력 점수는 러시아가 훨씬 우세했기 때문에 단순히 비교할 수는 없지만 손을 쓸 엄두도 못 낼 정도는 아니었다.

두 번째로 우크라이나는 국토가 넓다. 국토 면적은 약 60만 제곱킬로미터로 일본의 1.6배에 달하며(남한의 약 6배 크기 – 옮긴이) 얼마쯤 침략을 당해도 면적을 전략종심으로 하여 반격을 위한 시간을 벌 수 있다. 또한 키이우 북쪽에는 프리피야티 습지와 삼림지대가 넓게 펴져 있어서 천연 방어벽 기능을 하고 있었다는 점을 지적할 필요가 있다. 우크라이나는 러시아군의 침공과 동시에 프리피야티 강의 댐을 파괴하여 인위적인 홍수를 일으키고 300개 이상의 다리를 파괴하여 러시아군이 제한된 도로만으로 진군할 수밖에 없게 만들었다.

다만 우크라이나군은 화력과 기갑 전력 면에서 러시아에 압도적으로 열세였다. 더욱이 러시아군은 키이우뿐만 아니라 동부와 남부에서도 침공해왔기 때문에 수도 방위 전력은 압도적으로 부족했다. 이에 우크라이나군은 키이우 근교 군사훈련센터를 기지로 삼고 군과 치안부대로 방위부대를 급히 편성하여 훈련용 예비 무기까지 꺼내서 대항할 수밖에 없었다(Washington Post, 2022.8.24).

이때 미국과 유럽이 제공한 대전차 미사일 재블린이 위력을 발휘했다. 이것이 세 번째 이유다. 특히 키이우 북동부 브로바리에서 벌어진 전투에서 그 효과가 크게 발휘되었다. 러시아군 중앙군관구 제90전차 사단은 이곳으로 진격하다가 시가지에 숨어 있던 우크라이나군의 대전차 미사일 매복 공격을 받아 큰 손해를 입고 사단장마저 전사했다. 벨라루스 쪽에서 진격해온 러시아군도 제한된 진격로를 여기저기에서 저지당해 차량 행렬이 300Km 이상 길어졌다(다만 당시 우크라이나군은 노출된 표적을 공격할 만한 공군력이 없었으며 나중에 러시아군은 비교적 질서정연하게 철수했다).

이렇게 해서 재블린은 단순한 무기 이상의 의미를 갖게 되었다. 성모 마리아가 재블린 발사기를 안고 있는 '성 재블린' 일러스트가 등장하여 단숨에 밈이 되었다. '성 재블린'이 아파트 단지 벽에까지 등장하였으며 키이우에서는 관련 굿즈를 파는 가게까지 나타났다는 사실만 보더라도 이 미사일에 대한 우크라이나 국민의 신뢰감을 엿볼 수 있다. 이슬람 국가들이 국기에 반월도를 넣고 모잠비크 국기에 칼라시니코프 소총이 있는 것처럼 재블린은 주권과 독립의 상징이 되었다.

## 우크라이나의 '삼위일체'

앞에서 제시한 세 가지 이유와 더불어 우크라이나에는 러시아의 침략에 맞서서 저항을 관철할 만한 정치적·사회적 기반이 있었다. 프로이센 군인이며 군사사상가인 카를 폰 클라우제비츠의 '삼위일체'가 그것이다.

클라우제비츠는 전쟁을 '확대된 결투'라고 말했다. 그에 따르면 전쟁은 두 남자가 폭력으로 상대방을 굴복시키려는 행위를 국가 규모로

확대한 것이다. 폭력 행사는 적에 의한 대항적인 폭력 행사를 일으키고(제1상호작용), 그것이 '적을 쓰러뜨리지 않으면 적이 나를 쓰러뜨리지는 않을까 하고 항상 두려워하게 되는' 상태를 만들어낸다(제2상호작용). 그 결과 애초에 적을 쓰러뜨리는 데 필요충분한 규모로 시작된 폭력 행사는 적과 아군 간에 무제한적으로 상승되어 간다(제3상호작용)고 클라우제비츠는 생각했다(クラウゼヴィッツ, 2001).

이런 전쟁관에 결정적인 영향을 미친 것이 프랑스 나폴레옹이 일으킨 일련의 대전쟁(나폴레옹 전쟁)의 경험이었음은 잘 알려진 사실이다. 전쟁은 '폭력 투쟁'이라는, 어찌 보면 당연해 보이는 테제를 클라우제비츠가 강조한 것은 무엇 때문일까? 나폴래옹 전쟁 이전의 전쟁이 반드시 격렬한 폭력행위를 전제로 하지 않았기 때문이다.

나폴레옹 전쟁 이전 유럽에서는 군대는 귀족층의 '재산'이었으며 한 번 군대가 괴멸되면 재건이 어렵기 때문에 대규모 희생이 생기는 결전을 피하고 소규모 승리를 쌓아가는 '제한전쟁'이 일반적이었다(石津, 2001.3). 따라서 당시 유럽에서는 '유지 비용이 드는 상비군 지휘관은 가능하면 전투를 피하고', '기동전으로, 되도록 적의 영토에서 싸우고, 적국의 자원을 이용하여, 적을 서서히 소모시키는' 데에 주의를 기울이는 경향이 강했다.

나폴레옹 이전의 전쟁은 '의식적(儀式的)'인 성격이 강하여 궁극적으로는 '전투' 자체가 사라질지도 모른다는 예견도 있었다(ハワード, 2021).

하지만 나폴레옹의 전투는 이전에 클라우제비츠가 경험한 전쟁과는 같은 '전쟁' 카테고리로 묶어내기 어려울 정도로 달랐다(ハワード, 2021). 나폴레옹이 창설한 대육군Grande Armée은 '18세기의 다른 나라

육군으로는 대응할 수 없을 정도로 사상자를 내면서 싸우는', '맹렬한 전쟁'을 수행할 수 있는 전혀 다른 종류의 군사력이었다(Knox and Murray, 2001).

이런 전투를 가능하게 한 확실한 요인 중의 하나는 프랑스 혁명 후에 도입된 국민개병제도였다. 그러나 이러한 제도 혁신만으로 '맹렬한 전쟁'을 전부 설명할 수는 없다. 나폴레옹 군대에 동원된 국민은 최대치로 잡아도 전인구의 7%에도 미치지 않았고 이 정도 동원은 프리드리히 2세 시대의 프로이센에서도 있었다(ドルマン, 2016). 오히려 중요한 것은 '국가와 거기 사는 사람들의 관계가 변화한 것', 즉 '국민'으로서의 자각을 가진 프랑스 대중이 국가의 위기를 자신의 위기로 인식하여, 강제가 아닌 스스로의 의지로 주체적으로 조국 방위에 참가하게 된 것이다.

스미스의 말처럼 '그들은 더 이상 국왕을 위해 싸우는 군복을 입은 농노가 아니고 프랑스의 영광을 위해 싸우는 프랑스인 애국자'였으며(Smith, 2005), '맹렬한 전쟁'은 이러한 새로운 대중의 존재를 빼고는 성립하지 않는다. 이렇게 해서 결전을 회피하는 '제한전쟁'에서 많은 희생을 치루더라도 결전을 통해 승부를 겨루는 근대적인 국가 간 전쟁으로 바뀌었다.

따라서 클라우제비츠는 근대적인 국가 간 전쟁은 '정부'와 '군대'만으로 성립하지 않는다고 주장했다. 전쟁은 국가가 정치적인 목적을 달성하기 위한 수단이며, 이를 수행하는 것이 군대에 의한 폭력 투쟁이고, 이를 위해서는 국가와 자신을 동일시하고 대량의 희생을 각오한 '국민'이라는 존재가 절대적으로 필요하다. 이것이 클라우제비츠의 삼위일체론이었다.

이 모델을 우크라이나에 대입해보면 현재 우크라이나는 삼위일체를 깔끔하게 갖추고 있다. 우크라이나의 정치적 목적은 침략의 격퇴라는 단순하면서도 이해하기 쉬운 것이며 군사력은 결코 약하지 않다.

또한 개전 후 여론조사에서 알 수 있듯 침공이 장기화하거나 우크라이나의 독립성이 더욱 위협받는 사태가 되더라도 '영토에 관한 양보를 지지하지 않는다'고 대답한 우크라이나 국민의 비율이 82%에 이른다. 국민들은 어디까지나 러시아의 침략에 저항하는 쪽을 선택한 것이다.

이 결과 젤렌스키 정권은 개전 후에 발동한 총동원령으로 5월에는 70만 명의 병력을 확보하였으며(앞서 말한 바와 같이 개전 전에는 준군사부대를 포함해서 30만이었다), 7월에는 이 숫자를 약 100만 명(우크라이나군 70만, 경찰부대 10만, 국가친위군 9만, 국경경비대 6만)까지 늘릴 수 있었다.

48시간 내에 소멸할 뻔한 우크라이나가 이 정도로까지 버틸 수 있었던 요인은 이 점(클라우제비츠가 말하는 '국민'의 요소)에서도 찾을 수 있다.

## 전력을 내지 못하는 러시아군

러시아군 현황도 알아보자. 이미 말했듯이 푸틴은 이 전쟁을 '특별군사작전'이라고 칭하였으며 전쟁이 길어져도 이 점에서 변화는 없었다. 즉 사태가 공공연하게 전쟁 상태가 되었는데도 푸틴은 이 현실을 인정하려고 하지 않았다(자세한 점은 제2장 참조).

그리고 이 점이 단순한 명분론을 넘어서 러시아군의 전투 능력을 크게 제약했다. 『밀리터리 밸런스』 2022년도판에 의하면 러시아군의 총병력은 실제로 약 90만 명 정도이며 이 중 약 36만 명이 지상군(육군 약 28만 명, 공수부대 4만 5000명, 해병대 3만 5000명)이다. 그러나 36만 명 중에서 20만 명 이상이 징병으로 채워져 있으며 전시체제가 발령되지 않는 한 그들을 전쟁터로 보내서는 안 된다는 것이 2003년에 결정되었다.

물론 이것은 명분에 가깝다. 2008년의 조지아와의 전쟁에 투입된 병력의 3분의 1이 징병이었다고 하며, 제2차 러시아-우크라이나 전쟁에서도 징병이 투입된 사례가 다수 있었다. 그러나 설령 그것이 명분에 가깝다고 해도 정부가 하지 않겠다고 공표한 이상 징병 병력의 투입은 어디까지나 불법이다. 사태가 발각되자 러시아 정부는 '실수였다'고 해명하고 징병 병력을 전쟁터에서 철수시킬 수밖에 없었다.

따라서 우크라이나에 침공한 15만 명이라는 러시아의 병력은 전 지상군 중에서 징병을 제외한 거의 모든 병력이었다고 볼 수 있다. 여기에 친러파 무장세력 부대와 민간 군사 기업 바르네르 그룹 등을 더해도 전시 동원으로 증강된 우크라이나군에 비해 병력이 열세인 점은 변함없다.

러시아군은 항공 전력 활용에도 묘하게 미온적인 모습을 보였다. 우크라이나 육군은 이미 언급한 대로 나름 규모가 있었지만 공군은 규모도 작고 장비도 구식이었다. 이에 비해 러시아 공군은 2000년대 이후 군 개혁으로 대폭적으로 근대화되었으며, 개전 전에는 300기 이상의 전술 항공기가 우크라이나 주변에 전개해 있었다. 다소의 희생을 각오하고 이들을 대규모로 투입했다면 우크라이나는 완전히 제공권을 빼앗겼을 것이다.

그러나 실제로 러시아군 항공기는 국경 부근에서 미사일을 발사하고 도망가는 전법을 중심으로 구사할 뿐 격렬한 항공전은 피했다. 그 결과 우크라이나는 이 책을 쓴 시점을 기준으로 약 8할의 항공 전력을 유지할 수 있었던 것으로 보이며 정찰과 공격 등 지상부대의 전투에 꼭 필요한 지원을 계속할 수 있었다. 러시아군이 항공 전력 활용에 미온적이었던 이유는 뚜렷하지 않으나 단순히 러시아 항공부대가 대규모 공륙 연계 능력이 부족했을 가능성에 더해(O'Brien and Stringer, 2022.5.10.; Bronk, 2022.2.28) 정치지도부로부터 무언가 제약을 받고 있었을 가능성도 배제할 수 없다.

## 3. 철수와 정전

### 러시아군의 키이우 철수

러시아의 우크라이나 침공이 막힌 상황에서 2022년 2월 28일부터 3월 7일에 걸쳐 3회의 정전 협상이 있었다. 하지만 이 협상들에서 눈에 띄는 성과를 거두지는 못했다. 이들 협상에서 우크라이나 측 대표단을 이끈 다비드 아라하미야에 의하면 러시아 측은 첫 번째 협상에서는 '최후통첩과 항복 동의'를 내밀었다고 한다(Лелич, 2022.3.30). 우크라이나 측이 이를 퇴짜 놓자 러시아 측은 우크라이나의 '중립'과 '어느 정도의 비무장화'로 요구 조건을 변경했다고 하는데(Взгляд, 2022.3.16), 침략당하고 있는 상황에서 동맹국이나 자위력을 포기하라고 하면 협상이 될 리가 없다. 우크라이나가 군사적인 저항을 지속하고 있었기 때문에 더욱 그러했을 것이다.

이렇게 해서 개전으로부터 약 1개월 후인 3월 25일, 러시아는 대폭적인 방침 전환을 공표했다. '특별군사작전의 제1단계가 거의 완료'되었으므로 앞으로는 '동부 해방에 주력하겠다'고 러시아군 참모본부의 세르게이 루츠코이 제1부총참모장이 발표했다.

루츠코이의 발언은 러시아 국방부 소유의 TV방송국인 '즈베즈다'에도 자세히 소개되었는데 그가 여기서 '우크라이나 침공 계획은 처음부터 두 가지가 있었다'고 밝힌 점이 흥미롭다(Никулин, 2022.3.27).

루츠코이는 병력을 동부 돈바스 지역에 집중하는 것이 침공 계획의 1안이었으나 방어하는 우크라이나군 부대와 정면으로 충돌할 것이 예상되었기 때문에 이 계획을 포기했다고 한다. 한편 2안은 '우크라이나 전국토의 비무장화, 군사 인프라 파괴, 도시 봉쇄'를 기본으로 하는 것이며 실제 채택된 안이었다고 한다. 말하자면 우크라이나군과 정면으로 싸우는 것이 아니라 우크라이나를 마비 상태에 빠뜨려서 점령할 계획이었다는 것을 이 발언에서 알 수 있다.

하지만 '동부 해방에 주력'하는 침공 계획은 결국 돈바스를 중심으로 한 1안에 가까워지게 되어 버렸다. 이 점에 대해서 루츠코이는 한 달 안에 우크라이나의 군사력을 대폭 약체화시켜서 외국 용병을 철수하게 하였으므로(루츠코이는 서방이 용병을 보냈다고 되풀이해서 강조했다) 더 이상 키이우를 비롯한 북부를 공격할 필요가 없어졌다는 것이다. 물론 이 말이 작전 실패를 호도하려는 변명에 지나지 않는다는 사실은 추이를 보면 알 수 있다.

문제는 러시아군이 정말로 키이우 주변에서 완전히 철수할 것인가 하는 점이다. 적어도 당시 필자는 러시아의 공식 견해에 매우 회의적이었다. 어렵게 키이우 주변까지 다가와 놓고 러시아군이 정말로 철수할 것인가. 2021년 봄도, 2022년 2월도 쇼이구가 공표한 '철수'는 결국 거짓이었다. 그렇다면 철수한다는 것은 마스키로프카(기만 작전)에 지나지 않으며 오히려 키이우에 기습 공세를 가하지 않을까? 또는 철수한다고 하더라도 곡사포와 로켓포의 사정권 내에 머물면서 계속해서 우크라이나 정부를 위협하려는 것은 아닐까?

그러나 러시아군이 취한 행동은 그 어느 것도 아니었다. 키이우, 체르니히우, 수미 등 우크라이나 북부 도시에서 러시아군이 겨우 일주일 정도만에 정말로 철수한 것이다. 더욱이 앞서 말한 바와 같이 당시의 우크라이나군은 철수하는 러시아군을 추격할 만한 병력 여유가 없었으므로 철수는 매우 질서정연했다. 이를 보고 '아무리 약해졌다 해도 역시 러시아군이구나'라는 묘한 감회를 느꼈다. 그런데 그로부터 반년 후에 일어난 지리멸렬한 도주극(후술할 것이다)을 마주하니 당시 러시아군은 아직 질서 있는 작전 능력을 유지하고 있었구나 하는 생각이 든다.

## 회의는 춤춘다

러시아 측의 변화는 정전 협상 태도에도 나타났다.

러시아군이 키이우 주변에서 철수를 개시하고 있었던 3월 29일, 튀르키예의 이스탄불에서 4회째 정전 협상이 열렸다. 우크라이나의 신문 ≪RBK 우크라이나≫는 장소가 중요하다고 했다.

이전의 세 차례 협상 장소는 모두 러시아 동맹국이며 전진 기지까지 제공했던 벨라루스에서 열렸기 때문이다. 우크라이나는 이에 불만을 표하고 폴란드 등 비(非)교전국에서 협상할 것을 주장했으나 그 시점에는 결정권을 러시아가 쥐고 있었다.

이렇게 우크라이나는 '어웨이'에서(러시아 측에서 보면 '홈'에서)의 협상을 강요당했으나 제4차 정전 협상 장소가 튀르키예로 정해진 것은 양자의 힘의 균형이 미묘하게 변화해 가고 있다는 것을 시사했다(РБК Украина, 2022.3.30).

더욱이 제4차 정전 협상에서는 정전 실현을 위한 보다 현실적인 조건이 우크라이나 측에 제시되었다. 앞서 인용한 ≪RBK 우크라이나≫에 따르면 이때 의제에 오른 것은 다음과 같다.

- 미국, 중국, 영국, 튀르키예, 독일, 프랑스, 캐나다, 이탈리아, 폴란드, 이스라엘을 포함한 외국이 우크라이나에 대해서 법적 구속력이 있는 안전을 보장한다. 이 나라들은 북대서양조약 제5조와 동일하게 우크라이나가 침략당했을 경우에는 72시간 내에 협의하여 군대 파견, 무기 제공, 비행 금지 구역 설정 등의 조치를 취한다.
- 다만 이 보장은 친러파 무장세력의 지배 지역과 러시아가 강제 합병한 크림반도에는 적용되지 않는다.
- 크림반도에 대해서는 15년간에 걸쳐서 그 지위에 대해서 협의한다.
- 친러파 무장세력 지배 지역에 대해서는 별도의 대화 장치를 마련한다.
- 이상을 조건으로 우크라이나는 중립과 비핵화를 약속하며 외국군 기지를 두지 않는다.
- 단 EU 가입을 포함한 군사, 정치 동맹 가입은 부정되지 않는다. EU 가입도 부정되지 않는다.
- 우크라이나가 군사연습을 실시할 경우에는 모든 보장국의 합의

를 얻는다.

민주구상재단의 마리아 졸키나가 ≪RBK우크라이나≫를 통해 밝힌 것처럼 이 같은 합의로는 우크라이나가 과연 외국으로부터 집단방위를 보장받을 수 있는지가 모호하며 1994년 '부다페스트 각서'의 재탕에 지나지 않는 것이라고도 이해할 수 있다. 부다페스트 각서의 골자는 우크라이나가 소련으로부터 승계한 핵무기를 포기하는 대신에 미국, 영국 러시아가 우크라이나의 안전을 보증한다는 것이었으며 프랑스와 중국도 같은 내용을 포함한 다른 문서에 서명했다.

그러나 2014년의 제1차 러시아-우크라이나 전쟁 시, 이 나라들은 우크라이나에 실질적인 군사원조를 제공하지 않았다. 미국 국가안전보장회의에서 러시아-우크라이나-유라시아 문제 담당 보좌관을 지내고 1990년대 말에는 주우크라이나 대사로 키이우에 주재한 적이 있는 스티븐 바이퍼에 의하면 미국이 약속한 것은 안전 '보증assurance'이며 실제로 군대를 파견하는 것을 의미하는 '보장guarantee'은 아니었다는 것이다. 게다가 우크라이나는 그 후 '보증'의 내용에 대해서 미국과 깊이 있는 협의를 하지 않았기 때문에 미국은 러시아의 노골적인 침략에 대해 명확하게 대응하지 않았다는 것이 바이퍼의 설명이다(Pifer, 2019.12.5).

이것은 이것대로 미국의 외교정책상의 일관성이겠지만 우크라이나 입장에서 보자면 모호한 '보증'은 아무 쓸모 없다고 느끼는 것이 당연하다. 제4차 정전 협상에서 우크라이나 측이 guarantee에 해당하는 갈란티야(гарантия)라는 말을 사용하여 보장국가의 군대 파견도 포함시킨 것은 이 때문이다. 다만 이 경우는 결국 군사동맹과의 차이가 모호해지며 우크라이나가 약속하는 '중립'이 무엇인지 하는 점이 필연적으로 문제가 된다. 아마도 나토에는 가입하지 않는다는 것을 의미하고 있겠지만 나토에 속하지 않는 것만으로 러시아가 납득할지 여부는 또 다른 문제가 되기 때문이다.

이와 같이 많은 문제를 내포한 제4차 협상이었지만 중요한 것은 러시아 측이 일괄적으로 거부하지 않은 점이다. 러시아 협상단을 이끈 블라디미르 메딘스키 대통령 보좌관은 우크라이나의 제안을 '검토'하겠다며 본국에 가져갈 의향을 나타냈다.

또한 앞서 말한 다비드 아라하미야의 말처럼 우크라이나가 제시한 합의안에는 '중립화' 문장은 있어도 '비무장화'는 포함되지 않았다는 것에도 주목할 만하다. 아라하미야는 우크라이나는 비무장 중립이 아니라 이스라엘과 스위스처럼 독자적인 군대와 동원 예비군을 보유한 중무장 중립국을 지향한다고 강조했다(Лелич, 2022.3.30). 만일 러시아가 이 점을 받아들였다면 협상이 어느 정도 진전된 것으로 볼 수 있었을 것이다.

제4차 정전 협상에서 특기할 만한 마지막 점은 의제 중에 '비나치화'(푸틴이 2월 24일 비디오 연설에서 한 말)가 포함되지 않았다는 점이다. 이것 또한 러시아가 젤렌스키 정권의 퇴진과 그에 따른 괴뢰 정권 수립이라는 목표에서 후퇴했음을 나타내는 것으로 보인다.

## 서방 측의 대규모 군사원조

서방 측의 자세도 변화하기 시작했다. 이스탄불의 제4차 정전 협상에 앞서 3월 24일 브뤼셀에서 나토 긴급회의가 열려 '사이버 안전보장, 화학, 생물, 방사선, 핵무기 공격 대처를 포함한 지원 강화'가 결정되었다. 당시 우려가 커지고 있던 러시아의 대량살상무기 사용을 염두에 둔 것이다.

또한 이 회의에서는 러시아가 실제로 생물 및 화학무기를 사용할 경우에는 '심각한 결과'를 초래할 것이라는 심도 있는 선언이 나왔다. 러시아 항공기가 화학폭탄을 투하할 경우에는 비행금지구역NFZ을 우크라이나 상공에 설정하는 것도 포함될 수 있다는 관측(Hooker, Jr., 2022.3.18)도 있었다.

미국 내에서는 인도적 지원, 전자전 시스템, 무인기, 방공시스템 제공, 우크라이나 국내에 군사원조 물자를 직접 공수할 경우의 효과와 리스크를 저울에 올려놓고 평가한 분석도 있었다(Wetzel and Pavel, 2022.3.9). 이 시점이 되자 서방 국가들은 더이상 우크라이나가 조기에 조직적인 전투력을 잃을 것이라고는 보지 않았다. 논점은 점차 러시아와 서방이 직접 충돌하지 않고 침략에 저항할 수 있는 지원 방안이 어디까지인지 하는 쪽으로 옮겨 갔다.

또 하나 결정적이었던 것은 3월 31일에 런던에서 열린 '우크라이나 국방 국제 기부자 회의IDDCU'의 제2차 회의였다. 영국의 벤 월리스 국방 장관은 이 회의에서 우크라이나에 대한 방공시스템, 연안 방어시스템, 장거리 화포, 대 포병시스템, 장갑차, 보다 광범위한 훈련과 병참 지원 제공이 결정되었다고 밝혔다. 이것들은 우크라이나가 정규군으로 전투를 지속하는 데 필요한 것이며 서방 국가들의 원조 방침이 크게 변화한 것을 나타낸다.

실제로 이 회의 이후에 우크라이나군은 종래의 보병 휴대용 무기 이외의 중장비를 지원받기 시작했다. 주력 제공국은 역시 미국이었으며 M777곡사포, 스위치 블레이드(자폭 돌입형 무인항공기 — 옮긴이) 등 각종 무인기, M113 병력 수송 장갑차 등이 이 시기부터 우크라이나군에게 제공되었다. 나토의 구 동구권 각국에서 자국이 보유하고 있는 T-전차와 S-V 방공시스템 등 구소련제 장비를 제공하기 시작한 것도 이때부터다.

## 원점으로 돌아간 정전 협상

그러나 우크라이나의 저항이 대국의 태도를 근원적으로 바꾼 것은 아니었다.

우선 러시아부터 살펴보자. 이미 언급했듯 이스탄불에서 열린 제4차 정전 협상에서 일단 논점을 이끌어내긴 했지만, 그 후 러시아 측에서는 눈에 띄는 반응이 없었다. 메딘스키가 가지고 돌아간 우크라이나 제안에 푸틴이 어떤 반응을 보였는지는 확실하지 않았다.

예상 못 한 일은 아니었다. 푸틴이 전쟁을 시작한 근본적인 동기가 우크라이나의 독립을 부정하는 것이었다면 우크라이나가 대국의 보장 아래 독자적인 군사력을 보유하고 중무장 중립을 관철하게 되는 결말을 그는 결코 용납하지 않을 것이다. 이스탄불의 제4차 정전 협상 직전에 푸틴이 전쟁의 결말에 대해 타협할 생각이 없는 것 같다는 미국 정부 고관의 발언이 전해지면서 이미 예상된 일이었다.

게다가 정전 협상도 교착상태였다. 최대 요인은 키이우 북서부 부차에서 러시아군이 저지른 대규모 학살(후술할 것이다)이 4월에 들어와서 발각된 것이다. 이에 따라 우크라이나 여론이 급속히 악화하고 국제적으로도 러시아에 대한 비난 분위기가 더욱 강해졌다.

한편 러시아는 협상이 막힌 것을 두고 우크라이나 측이 협상 조건을 일방적으로 까다롭게 만들었기 때문이라고 설명했다. 그 내용이 확실히 밝혀지지는 않았지만 러시아의 세르게이 라브로프 외교장관에 의하면 ① 제4차 정전 협상에서 제기된 외국 각국의 안전보장 대상 지역에 크림과 돈바스를 포함할 것, ② 우크라이나에서의 군사연습에 모든 보장국의 합의가 필요하도록 조항을 변경할 것(상세 내용은 불명), ③ 크림과 돈바스의 지위에 관한 문제를 대통령끼리 직접 회담으로 협의할 것 등이 주 내용으로 보인다.

당연하지만 라브로프는 '그들의 생각은 알겠지만 받아들일 수는 없다'고 하였으며 4월 12일에는 푸틴도 '협상이 어느 정도 합의에 도달했었는데 우크라이나 측이 태도를 바꾸면서 원점으로 돌아갔다'고 강하게 반응했다. 과연 푸틴 말대로 4월에 예정된 제5차 정전 협상은 개최 일정을 잡지 못했고 4월 1일에는 온라인 대화가 있었으나, 그 후 눈에 띄는 진전 없이 흐지부지되었다.

5월 9일 연례적인 대독 전승기념군사 퍼레이드에 참석한 푸틴은 젤렌스키 정권을 '미국의 파트너', '네오나치'라고 부르며 이번 전쟁은(우크라이나의 돈바스 지역 침략에 대한) '선제적 저항'이었다고 말했다. 우크라이나의 안전보장과 중립화 약속으로 전쟁을 끝낼 수 있지 않을까 하는 기대가 여기서 완전히 무너졌다고 할 수 있다. 푸틴의 말대로 모두 '원점으로 돌아가 버렸다'.

## 부차에서 생긴 일

여기서 정전 협상을 교착상태에 빠뜨린 부차에서 생긴 일에 대해서 간단하게 언급하고자 한다.

앞서 말한 3월 25일의 러시아군 철수 공표 후, 부차를 탈환한 우크라이나군이 목격한 것은 무참하기 이를 데 없는 학살의 흔적이었다. 손이 뒤로 묶인 고문 흔적 투성이의 시신, 성폭력을 당한 것으로 보이는 여성의 벌거벗은 시신, 하수구에 던져진 시신, 거리는 비참한 모습의 시신으로 가득 메워져 있었으며 중심부의 교회와 마을 변두리에는 집단묘지가 조성되어 있었다. 모두 러시아에 의한 전쟁범죄의 명백한 증거였다(그림2).

국제사회는 물론 필자 자신도 이 광경에 쇼크를 받았다고 하면 너무 나이브하다는 소리를 들을 것 같다. 두 번의 체첸 전쟁에서 러시아군이 얼마나 비인도적인 행위를 저질렀는지, 2015년에 시작된 시리아에 대한 군사개입에서 러시아 항공우주군의 무차별적 폭격이 얼마나 큰 살육을 가져왔는지를 러시아 군사연구를 생업으로 하고 있는 필자는 잘 알고 있었기 때문이다. 우크라이나에 침략한 2월 이후에도 러시아군은 시가지에 무차별 폭격을 가해왔다.

아무리 그래도 이 광경은 충격적이었다. 살해된 부차 주민들은 전투에 휘말려서 희생된 것이 아니다. 나중에 기자들이 밝혀낸 바에 의하면 부차 점령 자체는 무혈로 이루어졌으며 학살, 성폭력, 약탈은 그 이후에 시작되었다. 학살당할 아무런 이유가 없었다. 모두 다 술 취한 병사의 행패, 그냥 심심풀이로 폭행당하고, 강간당했으며, 살해된 것이다(真野·三木, 2022.5.5, 国末·竹花, 2022.4.14). 또한 점령부대 중에는

[그림2] 위성사진이 포착한 부차의 변두리 교회에 만들어진 집단묘지(©Maxar/Getty)

FSB도 포함되어 있었기 때문에 우크라이나군에 협력한 것으로 보이는 사람들을 조직적으로 고문하고 처형했음이 밝혀졌다(Peuchot, 2022.4.5.). 이번 전쟁에서 '우크라이나를 깨끗한 절대적 선으로, 러시아는 절대악으로 묘사하는 게 맞는가' 하는 논의가 자주 제기되었다. 필자 역시 이러한 논의를 완전히 외면할 생각은 없다.

제1장에서 살펴본 바와 같이 젤렌스키는 정의의 히어로가 아니며 우크라이나라는 국가 자체도 심각한 부패 등 많은 문제를 안고 있다. 또한 우크라이나군도 전쟁범죄(포로 학대, 포로를 구경거리처럼 끌고 다니는 등)와 주민들에게 피해를 주는 행위 등과 전혀 무관하지는 않으며 이러한 점들은 검증되고 비판의 대상이 되어야 한다.

그러나 부차와 다른 많은 점령 지역(러시아군의 전쟁범죄는 부차에 그치는 것이 아니라 부차는 빙산의 일각이다)에서의 러시아군의 행태는 아무리 생각해도 '악'이라고 부를 수밖에 없다. 더욱이 이번 전쟁은 러시아의 우크라이나에 대한 침략전쟁이며 이 점에서도 러시아는 명백하게 국제 규범을 일탈했다. 이런 점들을 무시하고 러시아도 우크라이나도 똑같이 잘못했다고 하는 것은 객관성을 가장한 나쁜 상대주의라고 밖에 말할 수가 없다. 또 상대적으로 보면 전쟁범죄와 부패가 더 심각한 곳은 러시아인데 그것 때문에 러시아가 외국군의 침략을 받아도 되는 건 아니지 않은가?

러시아 정부는 부차의 학살을 '도발'이라고 말했다(앞서 언급한 푸틴의 4월 12일 발언). 즉 학살과 고문, 성폭력은 우크라이나군이 부차를 탈환한 '후'에 일어났다는 것이며 러시아에 죄를 뒤집어씌우려고 조작한 것이라는 주장이다.

그러나 부차 사건이 밝혀진 후 미국의 민간 위성 화상 서비스 기업 막사Maxar가 지상의 위성 사진을 공개하며 길거리의 시신과 집단묘지는 러시아군 점령 당시에 생긴 것이라는 사실을 폭로했다. 우주에서 본 눈과 현지 주민의 증언을 대조해보면 러시아의 주장은 전혀 신빙성이 없음이 분명하다.

# 4. 동부 공방전

## 러시아의 핵 위협

우크라이나의 저항으로도 대국의 태도가 근본적으로는 변하지 않았다는 이야기로 방향을 돌려 보자.

앞서 말한 바와 같이 서방으로부터의 우크라이나 군사원조는 4월 이후 규모가 커졌으나 어디까지나 당장에 우크라이나가 패배하는 일을 막을 만한 수준에 그쳤다. 우크라이나가 러시아에 제공권을 빼앗아 오기 위해 필요한 전투기, 서방의 고성능 전차, 러시아군의 후방 거점을 타격할 수 있는 장거리 미사일 등을 제공하는 데 있어 서방은 여전히 망설이고 있었다. 겨우 제공하게 된 곡사포와 장갑차의 수도 결코 충분하지 않았다. 우크라이나군은 러시아군의 압도적인 화력 앞에 여전히 열세에 놓여 있었다. 이런 상황 아래 초조함을 느낀 젤렌스키는 3월 나토 가맹국 회의에서 '가맹국이 보유하고 있는 항공기와 전차의 1%라도 좋으니까 보내달라'고 호소했다.

그 배경에는 러시아와의 결정적인 에스컬레이션(전쟁 규모의 단계적인 확대 — 옮긴이), 즉 핵무기의 사용을 포함한 서방과 러시아의 전면 전쟁은 피해야 한다는 나름대로 부정할 수 없는 우려가 있었다. 마크 밀리 미국 합동참모본부 의장의 말대로 러시아군의 재집결이 개시된 당시부터 미국의 관심은 '제3차 세계대전으로 이어지지 않도록 러시아의 행동을 제어하는 것'이었으며 이 원칙은 개전 후에도 변함이 없었다.

개전으로부터 약 5개월이 지난 7월 22일, 제이크 설리번 대통령 국가안보 보좌관이 '우크라이나는 지켜야 하지만 제3차 세계대전으로 이어지는 상황은 피해야 한다'고 한 말이 그 좋은 예이다.

유럽 측 상황도 비슷했다. 예를 들면 폴란드는 개전 후 자국이 보유하고 있는 소련제 MiG 전투기를 우크라이나에 제공할 것을 검토하였으나 실제로 실시할 경우에는 미국을 경유한다는 방법을 고수했다. 이는 자국에서 우크라이나에 직접 제공할 경우 러시아를 자극할 우려가 있기 때문이었던 것으로 보인다. 이 점은 미국도 마찬가지였는데 바이든 정권은 '리스크가 너무 크다'며 결국 제공을 취소했다.

러시아도 이 점을 교묘하게 이용했다. 개전 직전에 러시아가 실시한 전략핵부대 대규모 군사연습의 의미에 대해서는 이미 언급했는데 (제2장 '학살' 발언과 팽창하는 러시아군 참조), 개전 직후인 2월 27일에 푸틴은 전략핵부대를 '특별경계태세'로 둘 것을 명령했다. '특별경계태세'의 의미가 우크라이나 침공에 서방이 관여하면 파멸로 이어진다는 메시지였음은 명백하다.

다음 달인 3월 12일에는 러시아 외교부의 랍코프 차관이 '서방 측의 우크라이나 군사원조는 위험한 상황을 더 복잡하게 한다'고 말하며, '(무기를 운반하는) 차량도 합법적인 공격 목표가 된다'고 경고했다.

그 직후 폴란드와 가까운 우크라이나 서부 도시 야보리우 교외에서는 집중적인 순항 미사일의 공격이 이루어졌다.

야보리우에는 국제평화안보센터IPSC라는 시설이 있었다. 전쟁 개시 전까지 이곳에서는 나토가 '평화를 위한 파트너십PfP'이란 틀 내에서 실시한 우크라이나군의 훈련이 이루어졌으며, 개전 후에는 서방 측이 원조한 무기의 조작 훈련에도 사용되었다고 한다. 기본적으로는 단지 군사연습장이 있을 뿐인 야보리우 주둔지가 '12발 이상'에 이르는 미사일 공격을 받은 것은 이곳이 나토와 우크라이나 군사협력의 상징으로 보였기 때문일 것이다.

그 후에도 러시아의 외교, 방위당국은 이런 발언을 자주 하였으며, 이것이 설사 그것이 허풍이라 하더라도 서방으로하여금 강한 의구심을 갖게 하는 효과는 분명히 있었다.

## 무기가 부족하다

물론 서방의 군사원조에 의미가 없었던 것은 아니다. 다시 미국을 예로 들어보자. 4월부터 7월 말까지 사이에 미국이 제공한 무기는 M777 곡사포 126문(포탄 41만 1000발), 재블린 대전차 미사일 6500발 이상, 스위치 블레이드 및 페닉스 고스트 무인기 각 77기, 하푼 지대함 미사일 발사기 2기, 소화기용 탄약 5900만 발 등 나름대로 규모가 있었다. 이런 원조가 없었다면 우크라이나군은 전투에서 더욱 열세에 놓였을 것이다.

또한 서방의 지원은 눈에 보이지 않는 범위까지 퍼져 있었을 가능성이 크다. 예를 들면 우크라이나군은 4월 13일 러시아 해군 흑해함대의 기함인 순양함 모스크바를 대함 미사일로 격침했는데 연안에서 100km 이상 떨어진 곳을 항해하는 함정을 발견하고 추적하는 능력이 당시의 우크라이나군에게는 없었다.

그렇다면 작전에는 서방의 여러 국가들이 어떤 형태로든 정보·감시·정찰ISR능력을 제공했다고 추측된다. 아마도 서방 측 초계기가 모스크바함의 위치를 포착하여 우크라이나군에 전달한 것으로 보인다. 이 사건 후 흑해상의 러시아 함대는 우크라이나 연안에 접근할 수 없게 되었고 우크라이나는 연안 방어(특히 요충지인 오데사 방어)를 위해 붙잡아 두고 있던 병력을 다른 곳에 전용할 수 있게 되었으므로 그 의미가 적지 않았다.

거꾸로 말하면 이만큼의 군사원조를 받으면서도 여전히 우크라이나군은 러시아에 대한 열세를 완전히는 뒤집을 수 없었다. 이러던 중에 6월 16일, 미하일로 포돌리악 우크라이나 대통령 고문은 '러시아와 군사력으로 대등'해지기 위해서는 155밀리 곡사포 100문, 다연장 로켓 시스템 300기, 전차 500대, 기타 장갑차량 2000대, 무인기 1000기가 필요하다고 트위터에서 주장했다.

포돌리악이 제시한 숫자가 얼마나 진심에 가까운지는 확실하지 않지만, 그 핵심은 지금과는 비교할 수 없는 정도로 많은 무기가 보강되지 않으면 싸움에서 진다는 주장이었다. 그러나 서방 측이 실제로 우크라이나에 제공한 무기의 규모는 포돌리악의 요구에는 턱없이 모자랐다. 서방으로서는 러시아와의 직접 충돌이라는 에스컬레이션 리스크를 무시할 수 없었다.

## 마리우폴 함락과 루한스크 완전 제압

이러한 상황에서 러시아가 선언한 '동부 해방'은 어느 정도 성과를 올리고 있었다. 참수 작전을 통한 전격 승리(플랜 A)와 대규모 전면 침공(플랜 B)은 연이어 실패로 끝났지만 한정된 지리적 범위에 집중적인 침공(플랜 C)을 선택하면서 겨우 작전이 궤도에 오르기 시작했다.

특히 국제적으로 주목을 받은 것은 남동부 도시 마리우폴 함락이었다. 아조우해에 인접한 이 공업도시에 대한 공략 작전은 개전 직후부터 개시되었는데 4월 중순에 시 중심부가 러시아군에게 제압되었다.

여기서 러시아군이 사용한 수법은 제2차 체첸 전쟁과 시리아에 대한 군사작전과 같은 무차별 폭격이었다. 주택가, 병원, 어린이들이 피난해 있던 극장 등에도 가차 없이 공격을 가했다. 제36 해군 보병여단과 내무부 국가친위군인 아조우 연대를 중심으로 한 우크라이나 측 수비대는 시 남부에 있는 아조우스탈 제철소에서 농성하며 저항했지만 5월 16일에 이르자 전원이 러시아군에 투항할 수밖에 없었다(그림3).

마리우폴 함락은 두 가지 의미에서 러시아군에게 큰 의미가 있었다. 첫째, 2014년에 러시아가 강제 합병한 크림과 동부의 돈바스 지역을 연결하는 회랑이 완성되었다는 것이다. 이로써 러시아군은 크림반도로 연결되는 병참선을 확보하고 남부와 동부 사이에서 병력을 운용할 수 있는 전략상의 유연성을 손에 넣었다.

둘째, 러시아군은 마리우폴을 함락함으로써 다른 지역에 투입할 수 있는 전력의 여유가 생겼다. 마리우폴 공략전에는 최대 1만 4000명 정도의 러시아 병력이 투입되었다고 하는데, 개전 전에 있었던 바이든의 발언대로라면 이는 침공 병력의 10% 이상에 해당한다. 마리우

[그림3] 마리우풀 남부의 아조우스탈 제철소가 저항의 거점이 되었다(© 로이터/아프로)

풀 수비대는 비교적 소수의 병력으로 이만한 러시아군 부대를 잡아 놓고 있었다는 것이 된다.

마리우풀 북쪽 돈바스 지역에서도 러시아군은 지배 영역을 넓혀갔다. 러시아군은 3월 중에 하르키우주의 도시 이지움을 거의 제압하고, 이를 거점으로 도네츠크주의 주요 도시 공략을 노렸다. 5월 초에는 루한스크주의 포파나야가 함락시키면서 더욱 탄력을 받았다. 포파나야는 도네츠 구릉의 고지대에 위치한 도시인데 이곳을 점령하면서 돈바스 지역을 지키는 우크라이나군 보급선을 화포의 사정거리 안에 둘 수 있게 되었다.

사태를 무겁게 여긴 우크라이나군은 이지움과 포파나야 사이에 있는 세베로도네츠크를 방어하기 위해 상당한 병력을 투입하였지만 결국은 러시아군의 강력한 공격으로 후퇴할 수밖에 없었으며 그 직후에는 서쪽에 있는 리시칸스크도 함락되었다. 이에 따라 7월 4일, 쇼이구 국방장관은 '루한스크주의 완전 해방'을 푸틴 대통령에게 보고했다.

이렇게 되면 다음은 도네츠크주의 완전 제압을 향해 러시아가 장기판의 말을 옮기는 것은 시간문제였다. 실제로 쇼이구의 보고를 받은 푸틴은 루한스크 제압에 공이 큰 중앙·남부 부대집단(중앙군관구 및 남부군관구를 중심으로 편성된 침공부대)에게 휴식과 재편성을 명하는 한편, 동부·중앙부대집단(동부군관구와 남부군관구 부대)에게는 '계속해서 계획대로 임무를 수행하라'고 했다. 3월 25일에는 루츠코이 제1부총참모장이 말한 '동부 해방에 집중'하라는 목표는 이즈음에는 섬뜩한 현실감을 띠기 시작했다.

## 러시아군의 성공 요인

러시아의 돈바스 공세가 어느 정도의 성과를 올린 요인으로서 다음 몇 가지를 들 수 있다.

첫 번째로 돈바스 지역은 러시아군에게는 비교적 전투하기 쉬운 지역이었다. 이 책에서도 여러 번 언급한 대대전술단BTG이라는 전투단위는 2000년대 말 군 개혁으로 채택되었는데 대대(통상적으로 3개 기계화보병중대)에 전차중대, 포병중대, 다연장 로켓 시스템 중대 등을 부속시킨 소형의 통합병과 연합부대다(Grau and Bartles, 2022.2.14).

이처럼 BTG는 소형이지만 상당한 화력을 지닌 전투단위이므로 돈바스의 비교적 평탄한 지형에서는 러시아군이 우위에 설 가능성이 가장 컸다. 삼림과 습지에 가로막혀서 키이우 공략에 고전한 러시아군이 동부를 새로운 주전장으로 선택한 것은 군사적인 면에서 합리적인 선택이었다고 할 수 있다. 이 시기 러시아군은 1일 평균 2만 발이라는 무시무시한 포격전을 펼쳤다. 우크라이나에서는 매일 100~200명의 전사자가 나오는 등 너무나 큰 손실에 전투를 거부하는 부대까지 나오기 시작했다.

두 번째로 돈바스 지역은 병참이 비교적 쉬운 지역이었다. 이 전쟁 이전부터 군사 전문가들은 BTG는 병참부대가 약점이기 때문에 장거리 침공(특히 병참의 동맥인 철도간선에서 멀리 떨어진 지역 침공)에 문제가 있다는 점을 계속 지적하였으며(Raghavan, 2022.5.26.; Vershinin, 2021.11.23.; Fiore, Spring, 2017), 키이우 공략에서는 실제로 이런 약점이 드러났다(Berkowitz and Galocha, 2022.3.30.; Kumar, 2022.3.28).

돈바스는 러시아 본토에서 가깝고, 특히 앞서 말한 이지움과 포파나야에는 BTG의 목숨줄이라고 할 수 있는 철도간선이 지나고 있다. 병참의 약점을 어느 정도 보충할 수 있는 조건을 갖추고 있었던 점이 돈바스가 선정된 또 하나의 이유일 것이다.

세 번째로 '동부 해방 집중'을 위해 러시아군은 지휘·통제 계통을 새롭게 했다. 앞서 말한 바와 같이 러시아군은 각 군관구에서 추출된 부대집단을 우크라이나로 투입하였으나 처음에는 부대집단 간 관계성이 모호했으며 모스크바의 참모본부 작전총국이 각각 개별적으로 지휘·통제하고 있었던 것으로 보인다. 당초 의도대로 젤렌스키 정권이 조기에 붕괴하고 각지의 우크라이나군이 제대로 저항하지 못했다면 문제없었겠지만, 돈바스에서 정면 승부를 건다면 예상치 못한 일이 생기리라는 것은 명확했다.

그래서 러시아군은 4월 초에 남부군관구 사령관인 알렉산드르 드보르니코프 육군 상급대장을 각 부대집단의 총괄사령관으로 임명하여 지휘·통제 계통을 일원화한 것으로 보인다.

드보르니코프는 2015년에 시작된 시리아 군사개입에서 현지 부대 초대 지휘관을 지냈고, 육군이면서도 공군부대를 지휘한 이색적인 경험이 있으며 남부군관구 사령관으로서 훈련을 개선하고 특히 하급 지휘관에게 권한을 위임하는 등 유연한 작전 능력을 실현하려고 한 유능한 사령관으로 알려져 있다(Bartles, 2022.6.9). 또한 그는 각 군관구(부대집단) 사령관 중에서 가장 계급이 높았으므로 현장 전투부대 사이의 조정에 효과적일 것이라고 기대되었을 것이다.

드보르니코프를 임명한 것이 실제로 얼마나 효과가 있었는지 현재로서는 확실히 알 수 없으나 루한스크 제압을 달성하는데 전혀 관계가 없지는 않았던 것으로 보인다.

4부

# 전환기를 맞은 제2차 러시아-우크라이나 전쟁

2021년 8월~

# 1. 균열이 난 러시아의 전쟁 지도력

## 군에 대한 불신이 커지는 푸틴

그러나 플랜 C가 일정한 성공을 거둔 배후에서 러시아의 전쟁 지도력에 틈이 생기기 시작했다. 그 징조 가운데 하나가 드보르니코프가 5월 중순 이후 공공장소에 모습을 보이지 않게 된 점이다.

이 사실을 처음으로 보도한 ≪뉴욕타임스≫ 기사에 따르면 드보르니코프는 공군과 육군의 연계, 하급 지휘관에 대한 권한 위임 등의 지론을 우크라이나 침공부대 전체에 확산시켜서 전투 방법을 개선하려고 하였으나 소련군 시대부터 내려온 파벌 문화에 가로막혀 여의치 않았다고 한다. 또한 드보르니코프는 전략가로서는 우수하나 용병술(군대 운용)에서는 유능하다고 할 수 없으며 술을 너무 좋아해서 주위에서 신뢰를 별로 얻지 못했다는 설도 있다.

또 드보르니코프는 여전히 남부 부대집단 지휘 책임을 지는 입장이었기 때문에 과연 여러 개의 부대집단을 지휘할 만한 여유가 있었는지도 의문이다.

이러던 중 6월 초에는 드보르니코프가 총괄사령관에서 해임되어 정치·군사 담당 국방차관인 겐나디 지드코 대장이 후임이 되었다는 설이 나왔다. 지드코는 전 동부군관구 사령관으로서 대규모 부대를 지휘한 경험이 있고 당시에 특정 군관구를 맡고 있지 않고 있었기 때문에 적임이었다고 볼 수 있다.

여기서 앞서 말한 7월 4일의 쇼이구와 푸틴의 회담으로 돌아가 보면 흥미로운 점이 보인다. 이때 쇼이구는 남부 부대집단 지휘관은 스로비킨 상급대장(전 항공우주군 총사령관)이라고 말했다. 즉 이 발언에서 알 수 있는 첫 번째 공식적인 사실은 드보르니코프가 총괄사령관 지위뿐만 아니라 남부 부대집단 사령관에서도 해임되었다는 점이다(영국 국방부는 나중에 드보르니코프가 8월까지는 총괄사령관 지위에 있었다고 평가하고 있다).

두 번째는 쇼이구의 보고에 대해 푸틴이 다음과 같이 답한 점이다. '오늘 그들(부대집단 사령관)은 주어진 임무 진척 상황과 침공 작전의 전개에 관한 제안을 나에게 보고'하였으며 '국방부도 참모본부도 현장 지휘관의 제안을 고려하고 있다'는 것이다. 그렇다면 아무래도 총괄사령관이 복수의 부대집단을 지휘하는 4월 이후의 체제는 포기하고 다시 각 군관구(부대집단) 지휘관이 직접 모스크바와 연락하면서 작전을 진행하는 체제가 부활한 것으로 보인다. 더군다나 푸틴의 말투를 보면 여기서 말하는 '모스크바'에는 참모본부뿐만이 아니라 푸틴 자신도 포함되어 있는 것으로 보인다.

푸틴이 작전 레벨뿐 아니라 경우에 따라서는 전술 레벨의 운용까지 참견하는 것이 아닌가 하는 관측은 5월 즈음부터 있었다(Sabbagh, 2022.5.16). 푸틴 입장에서는 군대가 한심스러워서 진두지휘에 나섰을 수 있지만 이는 많은 전쟁을 실패로 이끌어온 마이크로 매니지먼트 그 자체다. 즉 최고사령관이 현장의 세세한 일까지 개입하면 오히려 혼란을 일으킬 수 있다는 이야기다.

진상은 뚜렷하지 않지만 플랜 A가 너무 낙관적인 견해에 입각해 있었고 플랜 B의 키이우 공략에서 러시아군이 병참에 애를 먹은 점(키이우를 공격하면 병참이 어려워진다는 것은 러시아군 스스로도 알고 있었을 것이다) 등을 생각해보면 애초부터 러시아의 전쟁 지도력이 푸틴의 마이크로 매니지먼트에 휘둘렸을 가능성도 배제할 수 없다.

플랜 C는 돈바스를 주전장으로 설정한 점, 아울러 총괄사령관을 둔 점 등에서 볼 때 전쟁 지도력 면에서 군사적 합리성을 중시한 조치였다고 본다. 그러나 이상의 견해가 이 정확하다면 그러한 움직임은 오래 가지 않은 듯하다.

그런 점에서 미 국방부 우크라이나-러시아 문제 담당인 에베린 하르카스가 5월 말에 다음과 같이 말한 점은 시사하는 바가 크다. "만약 대통령이 목표 선정과 작전 레벨의 군사적 결정에 참견하게 둔다면 이는 대참사로 이어진다." 러시아군은 돈바스의 성공 이면에 최고사령관의 마이크로 매니지먼트라는 폭탄을 안고 있었다.

## 장군들의 실각

5월 12일 우크라이나의 올렉시 아레스토비치 대통령 고문은 러시아의 게라시모프 총참모장이 푸틴 대통령의 신뢰를 잃어서 사실상 실각했다고 인터넷 프로그램에서 말했다(ФЕИГИН LIVE, 2022.5.12).

아레스토비치는 게라시모프는 형식상으로는 아직 해임되지 않았으며 한 번 더 기회가 주어질 가능성도 있다고 말하였지만 전쟁 도중에 군대의 최고위직을 지휘 계통에서 뺀다는 것은 예삿일이 아니다.

실제로 이에 앞서 5월 9일 대독일 전승기념 퍼레이드에 게라시모프가 모습을 보이지 않았기 때문에 이 주장에 설득력이 더해졌다. 러시아군 최고의 무대에 총참모장이 결석한다는 것은 매우 이례적인 일이기 때문이다.

게라시모프는 4월에 이지움을 시찰했을 때 우크라이나군의 포격으로 다리를 부상당했다는 말이 있고, 그래서 공개 석상에 나오지 않았을 뿐이라는 추측도 있다. 또 그 후 게라시모프가 자주 공개 석상에 나왔기 때문에 적어도 완전히 실각(또는 루한스크 완전 제압으로 푸틴이 다시 준 '기회'를 잡았을 수도 있다)한 것은 아니었을 수도 있다.

하지만 몇몇 장군들은 게라시모프만큼 운이 좋지는 않았다. 6월에는 안드레이 세르듀코프 공수부대VDV 사령관이 파면되었고 8월에는 이고리 오시포브 흑해함대 사령관이 파면당하는 등, 푸틴은 전쟁 중임에도 불구하고 러시아군 고관들의 목을 빈번하게 내쳤다. '대참사'까지는 아니더라도 푸틴이 군의 태세에 상당히 빈번하게 참견하고 있다는 것을 알 수 있다.

## 정보기관과의 알력

푸틴은 정보기관과도 알력이 있었던 것으로 보인다.

러시아 연방보안국FSB 제5국은 개전 전부터 다수의 내통자를 우크라이나 내부에 심어두고 그들에게 러시아군 침공 시 안내를 맡길 생각이었다는 것은 이 책 앞부분에서도 살펴본 바 있다. 그런데 그들 상당수는 별로 도움이 되지 않았으며 개전과 동시에 뿔뿔이 흩어져 버렸다.

게다가 제5국은 이 사실을 어렴풋이 눈치채고 있었지만 푸틴에게는 낙관적인 예측만 보고하고 있었던 것으로 보인다. 보로간과 솔다토프(러시아의 탐사보도 전문기자 — 옮긴이)가 개전 후 2주일이라는 비교적 빠른 시점에 보도한 바에 의하면 제5국이 엉터리 보고만 하고 있다는 것을 눈치챈 푸틴은 당시 국장인 세르게이 베세다 FSB 대장을 자택연금 조치했다고 한다(Borogan and Soldatov, 2022.3.11).

또 한 달 후에는 제5국 직원 150명이 파면되었으며 베세다가 정치범 수용소로 알려진 레포르트토보 형무소로 이송되었다고 영국의 ≪타임스≫가 보도했다(Ball, 2022.4.11). 러시아는 파면 직원 중 몇 명을 체포했으며 외국 기자와 접촉했던 직원의 가택을 20 군데 이상 수색했다고 ≪타임스≫가 보도했다.

푸틴이 정말로 제5국의 정보를 완전히 믿고 판단 착오를 한 것인지, 아니면 '그런 것으로 해 놓고' 플랜 A의 실패 책임을 뒤집어씌우려고 한 것인지는 확실하지 않다(두 가지 다일 수도 있다). 다만 3월 초 이미 처음의 구상이 파탄에 이르렀다는 사실은 누가 봐도 명확했다.

참고로 레포르트토보에 수용된 베세다는 그 후 석방되었다는 정보가 있다. 4월 말, KGB의 퇴역 장군 장례식에 베세다가 모습을 보였고 그 자리에서 현역 제5국장으로 소개되었다고 한다. 이 정보를 접한 보로간과 솔다토프가 FSB 내의 정보원에게 확인해보니 베세다가 제5국장 집무실에 있는 것을 본 사람이 있다고 하니 진상은 더욱 혼란스러워졌다.

그러나 베세다가 완전히 명예를 회복한 것은 아닌 것 같다. 보로간과 솔다토프에 의하면 베세다를 석방한 것은 플랜 A의 실패를 국민 앞에서 인정하고 싶지 않았을 뿐이며 푸틴은 '아무 일도 일어나지 않은 척'하는 KGB식 은폐 공작을 하고 있다는 것이다. 따라서 베세다가 직무에 복귀한 후에도 푸틴은 더 이상 제5국을 믿지 않고, 대신에 참모본부 정보총국GRU의 알렉세예프 제1부총국장이 우크라이나 첩보의 중심이 되었다는 것이 두 기자의 판단이었다.

알렉세예프에 대해서는 제3장에서도 언급한 적이 있다. 우크라이나의 유력 정치가 데르카치에게 민간 경비 회사를 만들도록 하여 러시아군 침공 안내를 하게 한다는 계획은 잘 안된 것 같지만 라이벌이라고 할 수 있는 베세다의 실각 덕분에 상대적으로 평가가 올라갔다.

## 2. 우크라이나의 반격

### 하이마스가 초래한 러시아 공세의 한계

대통령의 참견과 불신을 받으면서 계속돼 온 '특별군사작전'은 여름에는 드디어 한계를 맞이했다. 루한스크 제압을 정점으로 러시아군의 공세는 다시 정체되고 큰 전진은 없었다. 이 시기에 큰 역할을 한 것이 미국이 우크라이나에 제공한 고속 기동 포병 로켓 시스템 '하이마스HIMARS'였다(그림4).

하이마스의 형식명은 M142이며 차륜형 플랫폼(트럭)의 짐칸에 정밀유도 가능한 소형 미사일 발사기를 실은 것이다. 미국은 6월부터 이 시스템을 단 4대만 우크라이나군에 제공했다.

겨우 4대였지만 미국의 바이든 정권 내에서는 이 결정을 위해 꽤 많은 논의가 있었다. M142 하이마스는 사정거리 80km의 M30/31부터 사정거리 300km의 에이태큼스ATACMS에 이르기까지 다양한 미사일을 발사할 수 있다. 따라서 우크라이나군에 너무 긴 사정거리의 미사일을 제공하면 러시아 영내에 발사되어 '제3차 세계대전'으로 확산할 수

[그림4] 미국이 제공한 고기동 포병 로켓 시스템 하이마스(© 로이터/아프로)

있음을 우려했었다.

실제로 바이든은 5월 말 시점에서 '러시아 영내까지 도달하는 로켓 시스템은 제공하지 않는다'고 분명히 밝혔으며 군사원조 물자 리스트에 들어가 있던 하이마스를 취소할 것을 시사하고 있었다.

결국 바이든은 그 직후에 궤도를 수정하여 ≪뉴욕타임스≫에 기고한 논설에서 '우크라이나 전장에서 중요한 목표를 정확하게 공격할 수 있도록 지금보다 고도의 로켓 시스템과 탄약을 제공한다'는 방침을 나타냈다(Biden Jr., 2022.5.31). 여기에서 주목할 점은 '우크라이나 전장'이라는 부분이다. 즉 하이마스는 제공하지만 러시아 영내까지 도달할 수 있는 미사일은 탑재하지 않는다는 점이다. 6월부터 우크라이나에 제공된 4대의 하이마스에는 사정거리가 가장 짧은 미사일(M30/31)만 탑재되었다.

다시 한번 되풀이해 말하지만 겨우 4대였다. 이후 미국이 제공하는 하이마스의 수는 서서히 증가하여 20대에 달하였으며, 같은 로켓 발사기를 2기 탑재한 M270 '다연장 로켓 시스템MLRS'도 유럽 각국에서 제공되었으나 역시 많은 수는 아니었다. 당시 필자는 이 정도 수량으로 과연 얼마나 효과가 있을지 의문이었지만 이들 시스템이 실제로 발휘한 영향력은 대단한 것이었다.

우크라이나군은 하이마스와 MLRS를 러시아군 탄약 저장소와 연료 저장소, 다리 등을 공격하는 데 사용했다. 탄약 자체를 파괴하거나 이들을 전장으로 수송하는 루트를 방해함으로써 러시아군의 약점(병참)을 더욱 압박하고 동시에 강점(화력)을 발휘하지 못하게 하는 전술이었다. 이런 타격 시스템이 제공된 지 1개월 정도 후에 미국 국방부 고관이 밝힌 바에 따르면 이 사이 우크라이나군이 파괴한 탄약 저장소, 장거리 화포 진지, 지휘소, 방공 진지, 레이더, 통신 분기점 등 고가치 목표물은 약 100 군데 이상이었다고 한다(Lemon, 2022.7.22).

상황이 이렇게 되자 러시아군은 탄약 저장소를 하이마스의 사정권 밖으로 옮길 수밖에 없었으며 병참 부담은 더욱 커졌다. 병참에 투입 가능한 트럭의 수는 변하지 않고 탄약 저장소가 멀어지면 멀어질수록 전선에 도달하는 탄약 수는 지수함수적으로 감소한다. 그 결과 전선의 포격 빈도는 눈에 띄게 감소했는데 ≪키이우 인디펜던트≫는 러시아군 포격 횟수는 가장 많을 때의 반에서 삼분의 일까지 줄었다고 보도했다(Ponomarenko, 2022.8.12). 젤렌스키도 5월부터 6월에는 하루에 100~200명에 달하던 전사자가 30명 정도까지 감소했다고 같은 시기의 인터뷰에서 밝혔다(Trofimov and Luxmoore, 2022.7.22).

우크라이나군이 하이마스와 MLRS를 단순한 로켓포로 취급해서 전선의 러시아 군부대(전력) 공격에 투입했다면 이 정도의 효과를 발휘할 수 없었을 것이다. 하지만 우크라이나는 이들 시스템이 본질적으로 다른 것이라는 점을 이해하고 있었다. 즉 러시아군 전력 그 자체가 아니라 전력을 뒷받침하는 부분을 타깃으로 해야 한다는 점이다.

참고로 레즈니코프 국방장관에 따르면 우크라이나군이 하이마스로 이지움의 러시아군 항공작전사령부를 파괴한 후 미국인으로부터 이런 말을 들었다고 한다(Salama, 2022.7.10). "당신들은 테스트에 합격했어." 일국의 국방부 장관에게 한 말치고는 상당히 거만한 말이지만, 우크라이나군의 전투 방법이 최대의 뒷배경인 미국으로부터 일정한 신뢰를 얻었다는 것은 확실하다. 하이마스와 MLRS의 제공량이 서서히 증가한 것은 바로 우크라이나가 테스트에 합격했기 때문이며 러시아군의 공세를 막을 수 있는 힘을 우크라이나가 드디어 손에 넣었다는 것을 의미했다.

## 우크라이나가 받을 수 있는 것과 받을 수 없는 것

물론 하이마스도 MLRS도 마술 지팡이는 아니다. 이들 타격시스템이 효과를 발휘하기 위해서는 전선으로부터 상당히 후방 지역에 설치된 목표를 발견하고 그 좌표를 정확하게 포착할 수 있어야 한다. 단지 미사일만 제공받고 제대로 활용할 수 없다면 무용지물이다. 더군다나 우크라이나군은 자체 정찰위성이 없으며 정찰기도 러시아군의 방공시스템에 걸려서 자유롭게 활동할 수 없었다.

하지만 자국 영내에서 싸우는 우크라이나군에게 러시아군이 탄약 저장소 등의 고가치 목표물을 둘 만한 장소를 예측하는 일은 비교적 쉬운 일이었을 수도 있다. 장소가 예측되면 민간 위성 화상 서비스로도 목표물을 찾아내는 것은 어렵지 않으며 현지 주민의 밀고 또는 스파이와 특수부대를 잠입시켜서 찾아낼 수도 있다.

탄약 저장소는 군대처럼 신속하게 위치를 바꿀 수 없다. 7월에 우크라이나군이 헤르손주 노바카호바카의 러시아군 탄약 저장소를 파괴했을 때 영국의 세인트앤드루스 대학의 필립 오브라이언 교수는 다음과 같이 말했다.

"러시아는 우스울 정도로 간단하게 찾아낼 수 있는 장소에 큰 보급거점을 두었다. 누가 봐도 거기쯤 있겠지 하는 장소였다. 러시아의 지휘 계통이 제대로 작동하지 않았거나, 도로가 없어서 실제로 거점을 움직이지 못했거나 둘 중 하나다(CNN.co.jp, 2022.7.21)."

미국을 비롯한 서방 각국이 정보감시정찰ISR 임무를 지원했을 가능성도 있다. 미국 국방부도 '그들(우크라이나)이 직면한 위협을 이해하고 러시아의 침략으로부터 나라를 지키기 위해 도움이 되는 상세하고 급한 정보를 제공하고 있다'는 완곡한 표현으로 이것을 인정하고 있는 것으로 보아(BBC, 2022.8.2), 아마도 위성정보와 정찰기 정보 등을 우크라이나에 제공하고 있는 것으로 보인다.

한편 서방은 우크라이나에 대한 군사원조를 여전히 제한을 두고 있었다. 하이마스는 앞서 말한 바와 같이 소량만 제공되었으며 여기에 탑재되는 미사일도 역시 사정거리 80km의 M30/31로 한정되어 있었다. 개전 이후 자주 문제가 되어온 전투기와 서방 측 전차 제공도 여러 번 검토되기는 했지만, 이 책 집필 시점에는 제공 여부가 확인되지 않았다.

가령 더 많은 하이마스와 전투기, 전차를 훈련과 한 세트로 대규모로 제공했다면 우크라이나가 러시아군을 점령 지역에서 내몰고 본격적으로 반격하는 일도 불가능하지는 않았을 것이다. 실제로 우크라이나는 봄부터 이런 대규모 원조를 계속 요청했으며 미국 내에서도 '필요한 만큼의 군사 및 경제원조를 제공하면 우크라이나는 러시아를 쓰러뜨릴 수 있다'면서 우크라이나에 과감한 군사원조 확대를 요구하는 외교안전보장 커뮤니티의 공개서한이 8월 중순에 공개되었다(Cagan, Herbest and Vershbow, 2022.8.17).

이 공개서한의 찬동자에 이름을 올린 사람 중에 하나인 벤 호지스 전 미 육군 유럽사령관은 "그들이 겨우 16개(의 하이마스)로 무엇을 해냈는지 보십시오. 그리고 그들이 그 세 배, 네 배(의 하이마스)를 갖고 있다고 상상해보십시오"라고 하였지만 현실은 그렇게 되지 않았다. 우크라이나를 이기게 하는 방법 자체는 알고 있지만 서방은 거기에 발을 들여놓기를 주저하고 있었다(이 서한에는 호지스 이외에도 전 나토 유럽 연합군 최고사령관 경험자인 필립 브리드러브와 웨슬리 클라크 등 많은 미군과 국방부 관계자가 이름을 올리고 있었다).

그 배경에 대해서 새삼스레 언급할 필요는 없을 것이다. 서방의 우크라이나 원조를 단념시킨 것은 이제까지 여러 번 언급해온 서방의 공포, 즉 우크라이나 지원을 전쟁 행위로 간주한다는 러시아가 전쟁을 나토 가맹국에까지 확대하거나 핵전쟁을 감행할 가능성이었다. '우크라이나가 이길 수 있는 만큼의 지원'과 '제3차 세계대전의 회피'라는 두 가지 상반된 요구 사이에서 서방은 딜레마에 빠진 것이다.

## 주도권은 드디어 우크라이나로

이 시기에 들어오면 전쟁 상황은 거의 현재진행형 상태가 된다. 하나하나 살펴보더라도 이 책인 나올 즈음에는 정세가 크게 변할 것이므로 몇 가지 중요한 점만을 지적하고 제 4장을 마무리하고자 한다.

먼저 2022년 여름 이후 우크라이나가 전쟁의 주도권을 쥐기 시작했다는 점을 언급하고 싶다. 주도권이란 말은 모호한 말이지만 여기서는 '언제, 어디서, 어떻게 싸우는 가를 결정하는 힘'으로 정의하고자 한다. 2022년 초여름까지는 러시아가 그 힘을 쥐고 있었다. 아무리 고전을 거듭해도 '언제, 어디서, 어떻게'는 항상 러시아가 정해왔고 그 때문에 A, B, C 각 플랜은 '러시아의 플랜'이었다(Clarke, 2022.5.8). 이런 상황이 계속되는 한 우크라이나는 언제나 수세 입장이었고 줄곧 러시아에 휘둘려왔다.

우크라이나는 7월경부터 남부 헤르손주에 병력을 집결시키기 시작했다. 그 결과 러시아군은 돈바스에 전개해 놓은 부대 중 많은 부분을 헤르손 방면에 재배치할 수밖에 없게 되었는데 이것이 그야말로 우크라이나가 주도권을 쥔 순간이었다.

또한 8월 9일에는 젤렌스키가 크림을 무력으로 탈환하겠다고 말했다. 그 직후에는 반도 각지에 대규모 공격(아마도 미사일과 반도 내에 잠입한 특수부대의 드론 공격으로 추정된다)이 끊임없었으며 러시아군은 남방 방어에 주력하지 않을 수 없는 상황에 빠졌다.

또한 우크라이나군은 이때부터 미국제 AGM-88 '고속 대 레이더 미사일 **HARM**(High-speed Anti-Radiation Missile)'을 자국 전투기에 탑재하여 전장에 투입하게 되었다. HARM은 말 그대로 적의 전파 방사원(레이더 등)을 탐지해서 돌진해 가는 미사일이며 주로 적 방공시스템 제압/파괴SEAD/DEAD임무에 사용된다. 이 미사일이 등장하면서 러시아군은 많은 방공시스템을 잃고 제공권 유지가 곤란해졌다.

이것은 하이마스와 재래식 화포가 목표를 발견하거나 공격 효과를 판정하기 위해 무인기와 정찰기를 후방에 침입시키기 쉬워졌다는 것, 따라서 러시아군이 지상부대를 지원하기 위한 공격 헬리콥터와 공격기를 운용하기 어려워졌다는 것을 의미한다.

결정타가 된 것은 8월 29일에 우크라이나군이 헤르손 방면에서 대규모 반격에 나선 일이다. 다만 우크라이나 측은 이것이 애초부터 '그다지 신속한 프로세스가 아니고', '적을 분쇄하기 위한 느긋한 작전'이라고 설명했으며 실제로 전선 상황은 일진일퇴를 거듭하고 있었다.

이에 대해서 영국의 전문가는 우크라이나의 전략은 단숨에 영토를 탈환하는 것이 아니라 러시아군을 소모시키려는 것이라고 설명했다(Watling, 2022.9.2). 이 견해를 방증하는 기사(우크라이나는 대폭적인 영토 탈환을 의도했지만 병력 부족을 우려하는 미국이 보다 현실적인 전략으로 전환시켰다는 내용)가 미국 CNN 사이트에 게재되기도 했다(Lillis and Bertrand, 2022.9.1). 따라서 필자 역시 이 시점에는 이것이 본격적인 반격 조건을 갖추기 위한 전략적 소모전이라는 견해를 갖고 있었다.

그러나 시간이 지나 보니 이것은 우크라이나가 국제 언론을 이용하여 전개한 거대한 기만 작전이었다고 판단할 수밖에 없다. 이로부터 일주일 정도 이후 우크라이나군은 북부 하르키우 전선에서 대규모 공세를 개시하고 짧은 기간에 하르키우주 내의 러시아군을 내쫓았다. 또한 우크라이나군은 러시아군이 봄 이후에 돈바스 공략의 거점으로 삼아온 이지움과 리만을 함락해서 러시아군에게 큰 타격을 주었다.

## 3. 동원을 둘러싸고

### "우리는 아직 전혀 전력을 다하지 않고 있다"

이상이 이 책 탈고 시점까지 일어난 사태의 줄거리다. 거듭되는 오산과 오산에 시달리면서도 초여름까지는 주도권을 유지하던 러시아군이 가을에는 결국 우크라이나에게 주도권을 뺏기게 되었다는 것이 그 시점까지 전체적인 구도라고 할 수 있다. 앞으로의 전개에 대해서 구체적으로 논하는 것은 피하겠지만 거의 200일에 걸친 전투는 러시아를 매우 괴로운 입장으로 몰아갔다.

하지만 러시아가 형세를 재역전시키는 방법이 없는 것은 아니다. 하르키우에서 대패(라고 해도 좋을 것이다)하기 2개월 전, 하원 각 당 대표와 회담한 푸틴 대통령은 다음과 같이 말했다. "듣자 하니 그들은 전쟁에서 우리한테 이기려고 하는 것 같다. 해보라고 해라. 서방은 우크라이나 사람들이 마지막 한 사람까지 싸우리라고 생각하는 것 같다. 그렇게 되면 우크라이나인에게는 비극이지만 어쩌면 그렇게 되어 가는 것 같다. 하지만 우리는 아직 전혀 전력을 다하지 않고 있다는 것을 알아야 할 것이다."

여기서 푸틴이 말하는 '전력'이 무엇을 의미하지는 명확하지 않지만 순전히 군사적으로만 생각하면 ① 폭력의 규모를 확대하는 것(수평적 에스컬레이션), ② 폭력의 강도를 높이는 것(수직적 에스컬레이션)을 생각할 수 있다. 즉 '특별군사작전'이라는 명분을 버리고 공식적으로 전쟁 선언하고 총동원령을 발동해 대규모 재래식 전력으로 우크라이나에 침공하든가, 핵무기 등 대량살상무기를 사용하든가 둘 중 하나다.

여기에는 두 가지 의문 사항이 있다. 러시아가 수평적 또는 수직적 에스컬레이션의 여지를 남겨두고 있다고 한다면 왜 이제까지 이를 행사하지 않았는가. 여름 이후 공세에 한계를 느끼고, 우크라이나에 주도권을 거의 빼앗겼던 러시아가 왜 총동원령을 내리지 않았는가? 9월에는 동부에서 전격적인 기습을 받아 총체적 난국이라고 해도 좋은 정도의 손해를 입으면서도 핵무기 사용 결단을 내리지 못한 이유는 무엇인가? 이런 점들이 앞으로의 전쟁 상황을 점치는 요소가 된다.

## 푸틴의 "봐이…"

우선 수평적 에스컬레이션에 대해서 생각해보자.

제3장에 살펴본 바와 같이 푸틴은 우크라이나 침략을 '특별군사작전'이라고 규정했다. 이는 아주 단기간에 거의 무혈로 우크라이나를 굴복시킨다는 계획에 따른 것이었지만 이것이 실패로 끝났어도 푸틴 정권은 이 명칭을 바꾸지 않았다. 전장에서 총연장 2500km에 이르는 전선이 형성되어 대규모 군대가 격렬한 전투를 되풀이하고 있는 것을

생각하면 아무래도 기묘한 느낌이 든다.

실제로 푸틴의 입에서 스스로 '전쟁'이라는 말이 나올 뻔한 적이 있다. 러시아어로 전쟁은 '봐이나(война)'라고 하며 3월 8일 국제여성의 날(구소련에서는 중요한 국경일이며 부인이나 여자친구에게 최대한 잘해주지 않으면 끔찍한 일이 생긴다)을 앞두고 국영 항공회사 아에로플로트 여성 직원들과 면담했을 때 푸틴은 "봐이…"라고 할 뻔했다.

곧바로 '이 작전'이라고 바꿔 말했지만 이 사태가 한정적인 '특별군사작전' 이 아니라는 건 개전으로부터 2주일 정도 지난 시점에 푸틴도 이미 알고 있었다. 세르게이 베세다를 비롯한 FSB 제5국의 숙청이 이 직후에 시작된 것을 생각하면 이 점이 더욱 명확해진다.

전쟁이 일어났음에도 이를 인정하지 않으려는 태도는 안톤 체호프의 희곡 「벚꽃 동산」을 생각나게 한다. 극 중 몰락한 지주로 등장하는 라네프스카야는 현실을 직시하지 못하고 과거와 같이 사치스러운 생활을 포기하지 못한다. 돈을 마련하려면 벚꽃 동산을 팔아야 하는데 그녀는 이를 사겠다는 사람이 소작농 출신인 로파힌이라는 것이 마음에 들지 않아 결단하지 못한다.

과거의 초강대국이며 슬라브 세계의 맹주였던 과거를 잊지 못하는 현재의 러시아를 이 이야기에 겹쳐 볼 수도 있지만, 전장의 현실을 직시하려 하지 않고 '특별군사작전' 명칭을 고집하는 푸틴에게서도 라네프스카야의 모습을 느낄 수 있다.

그럼에도 푸틴은 이 전쟁을 전쟁이라고 공식적으로는 인정하려고 하지 않았다. 아에로플로트 직원들과의 면담에서도 푸틴은 전시체제 도입을 여러 번 부정하며("봐이…"는 이때는 나오지 않았다) 5월 9일의 대독일 전승기념일에도(많은 예상을 깨고) 총동원을 결단하지 않았다.

## 러시아의 동원 태세

기술적으로 보면 러시아는 전시체제를 선언하고 총동원령을 내릴 수 있다.

러시아 법체계에서는 대규모 재해와 큰 사고를 염두에 둔 긴급사태(Чрезвычайное положение: ЧП)와 대규모 테러 사건에 발동되는 대 테러 작전체제(Режим контртерро-ристической операции: КТО)와는 별도로 전시체제(Военное положение: ВП)라는 비상사태 규정이 있다.

상세한 점을 규정한 러시아연방법의 '전시체제에 대하여'에 따르면 전시체제하에서 시민은 사유재산을 공출할 의무 등과 더불어 군사위원회로부터 소집(전시 동원)을 받은 경우에는 이에 응해야 하며(제18조), 지방자치단체와 기업도 전쟁 협력 책임을 진다(제19조). 또한 제2조에는 전시체제 도입 조건으로 '러시아연방 영토에의 침략'뿐만이 아니라 '러시아 군사 부대에 대한 장소를 불문한 공격'을 들고 있으므로 우크라이나군이 러시아군을 격렬하게 공격하고 있는 상황이 이에 해당한다고 할 수도 있다.

더욱이 전시 동원의 상세 사항을 규정한 러시아연방법 '동원 준비 및 동원에 관하여'에 의하면 대통령이 동원령을 발동한 경우, 병역 중인 시민은 제대할 수 없게 되고(제17조), 병역을 마치고 예비역이 된 시민도 허가 없이 거주지를 이탈하는 것이 금지되며 군사위원회의 소집에 대기해야 한다(제21조). 따라서 만일 푸틴이 전시체제와 총동원령을 발동할 경우에는 일반 시민을 군대에 소집해서 병력을 증강하고 평시에는 전장에 보낼 수 없는 징병(제3장 참조)도 전력화할 수 있게 된다.

물론 이들 전시체제와 동원령은 만일의 대전쟁에 대비한 낡은 것으로 간주되어 왔다. 실제로 2000년대 군 개혁은 이런 사태가 일어날 개연성이 매우 낮다는 것을 전제로 동원령에 의존하지 않는 간결하고 전투 준비 태세가 높은 군사력을 지향하며 이루어졌다.

하지만 러시아가 동원 체제를 완전히 망각한 것은 아니다. 만일이라고 하더라도 대전쟁의 가능성이 남아 있는 이상 많은 국민을 군대에 동원할 수 있는 태세는 유지해야 한다(Гареев, 2017.3.29)거나, 소규모 분쟁이라 하더라도 분쟁 지역을 점령 및 유지, 방어하기 위해서는 장기에 걸쳐서 대량의 병력이 필요해진다(Карнаухов и Целуйко, 2010)는 의견이 군과 군사 전문가 사이에 끈질기게 있어왔다.

징병제 폐지와 병력 축소를 요구하는 자유주의자들조차도 중장기적으로 국제정세가 변화할 경우에 대비해서 국민들에게 일정한 군사훈련을 받게 하고 동원 능력을 유지해 두는 것에는 반대하지 않았다(Фонд Егора Гайдара, 2001.7.18). 러시아 법체계에 동원 개념이 남아 있는 이유는 이와 같은 국내 논조에 의한 것이다.

2014년에 제1차 러시아-우크라이나 전쟁이 발발하고 서방과의 관계가 첨예화하자 동원은 더욱 현실성을 띠게 되었다. 예를 들면 같은 해 가을에 실시된 동부군관구 대규모 군사연습 '보스토크 2014'에서는 경제 부문과 사회 부문의 총동원을 상정한 것으로 보이는 훈련 내용이 있었다. 그 일환으로 6500명의 일반 시민이 소집되었으며 2016년 남부군관구 대규모 군사연습 '카프카스 2016'에서는 전시군관구가 설치되어 계엄령 시행과 함께 예비역 동원훈련이 실시되었다(Рамм, 2016.10.16).

전시군관구 제도는 각 군관구 부사령관이 예비역과 내무부 소속 국내군 부대를 지휘해서 계엄령 시행과 후방 치안 작전을 실시하기 위해 소련시대에 도입된 제도인데(Whisler, 2020), 국제정세가 변화하면서 냉전시대의 군사 태세가 다시 필요해진 것이라고 할 수 있다.

## 총동원은 정말로 가능한가

그렇지만 총동원령 실시는 그렇게 간단한 일이 아니다. 5년 이내에 병역을 마친 러시아 국민의 수는 약 200만 명에 이른다고 하는데(IISS, 2022), 그중 대부분이 제대 후에 재훈련을 받지 않아서 그들을 다시 군인으로 만들려면 상당한 시간이 필요하다. 유사시에 약 1년에 걸쳐서 350만 명의 예비역을 동원한다는 2000년대까지의 계획(Бараба- нов, Макиенко, Пухов, 2012)에 비교하면 조금 더 낫다고 하더라도 총동원령을 내리는 즉시 거대한 군대가 출현하는 것은 아니라는 점은 변함없다.

그리고 현재의 러시아군에 이만큼의 동원을 실시할 조직력이 남아 있는지도 명확하지 않다. 실제로 예비역을 동원할 경우에는 참모본부 조직동원총국GOMU이 사령탑이 되고 각 연방 구성 주체(공화국, 주, 지방 등)의 장과 이를 구성하는 지방자치단체의 장이 지역별 동원령 실시에 관해 책임지도록 되어 있으나(러시아연방법 '동원 준비 및 동원에 대하여' 제11조) 이들 각 조직의 능력을 확실하게 알 수 없기 때문이다.

예를 들면 2104년의 동부군관구 대규모 군사연습 '보스토크'에서는 사할린 등에서 예비역 동원훈련이 준비 부족으로 제대로 실시되지 않았다는 점을 쇼이구 국방장관이 인정하고 있으며 이러한 실시 조직의 능력 문제는 아직 해결되지 않았을 가능성이 있다. 미국의 싱크탱크 랜드연구소도 2019년에 정리한 보고서에서 러시아의 동원 시스템은 이름뿐이고 실제로는 별로 큰 예산이 배정되어 있지 않기 때문에 그 능력은 높지 않다고 보고 있다(Radin, et al., 2019).

이 점은 러시아군도 인식하고 있으며 이에 2012년에는 '동원 예비 인원'이라는 새로운 제도를 도입했다. 의무 사항으로 유사시 동원에 응할 뿐 아니라 예비역 일부에게는 평시부터 정기적으로 군사훈련을 받게 함으로써 비교적 신속하게 전력화할 수 있게 하려는 의도였다.

다만 이 제도가 실제로 규정된 것은 2015년 7월 15일 자 대통령령 제370호였으며 더구나 실험적 조치라고 규정되어 있었다. 또한 2013년에 빅토르 오제로프 하원 국방위원회 위원장이 말한 바에 의하면 그 목표는 '수년 이내에 9000명'이라는 매우 보수적인 수치에 지나지 않았다. 따라서 랜드연구소의 지적대로 2010년대까지의 러시아의 동원 능력은 실질적으로는 매우 한정적이라고 봐야 할 것이다.

그러나 2021년에는 새로운 움직임이 있었다. 같은 해 여름에 러시아 국방부는 '국가 전투 예비군BARS 2021'라는 이름으로 대규모의 예비역 동원훈련을 갑자기 실시했다. 그 규모는 남부군관구만으로 3만 8000명, 러시아군 전체로는 5만 명에서 5만 3000명에 달할 예정이었다고 하는데(Мухин, 2021.8.15), 이는 러시아군이 이제까지 실시한 것 중에 최대 규모의 예비역 동원훈련이었다.

예를 들면 상트페테르부르크시의 키로프구 홍보 사이트에 의하면 (앞서 말한 바와 같이 동원의 실시는 지방자치체의 책임이다) BARS는 동원 예비역 인원을 늘리기 위해 2021년에 만들어진 새로운 제도이며 한 달에 3일 이내 연간 24일 이내의 군사훈련을 받는 대신 수당과 군인의 사회보장을 받을 수 있다고 한다. 이런 특전으로 예비역 병력을 늘리려는 것이다. 이것이 다음 해에 일어난 우크라이나 침공을 염두에 둔 조치였는지는 확실하지 않지만 5만 명 정도의 예비역을 비교적 신속히 동원할 수 있는 체제를 러시아군은 개전 전에 정비해 놓은 건 분명하다.

## 그래도 총동원령을 발동할 수 없는 푸틴

그러나 개전 후에 발생한 병력 손실을 메꾸기 위해 푸틴이 우선 의지한 것은 공식적인 예비역 동원 시스템이 아니었다. 아주 단기간 훈련만 받은 지원병으로 구성된 '의용대대', 민간 군사 기업인 바르네르 그룹, 카자크, 친러 무장세력이 지배 지역에서 강제 징집한 병사들이었다. 이들 비공식 또는 반공식적인 군사 조직을 '비밀 동원'으로 폭넓게 조달하여 전장에 투입한 것이다.

이 가운데 의용대대와 러시아군과의 정식 관계는 명확하지 않다. 모스크바에서 편성된 '소뱌닌 대대'의 경우, 지휘관은 '도네츠크 인민공화국'군의 사령관 출신이라는 정보도 있어서 사실상 친러파 무장세력 병사 모집을 러시아 국내에서 하고 있다고 볼 수 있다.

어쨌든 이런 종류의 '비밀 동원'에 대해서는 5월경부터 보도되기 시작했다(Коваленко, 2022.5.7). 따라서 병력 부족은 이 전쟁의 중심이 돈바스로 옮겨간 시기에 이미 인식되었음을 알 수 있다. 마침 이 시기에 영국 국방부가 러시아군의 전사자를 약 1만 5000명으로 예상하고 있었는데 이는 러시아군 침공 병력의 약 1할 또는 소련이 9년간의 아프가니스탄 개입으로 발생한 전사자 수와 거의 비슷하다. 또한 8월 초에는 미국 국방부의 콜린 칼 차관이 중상자를 포함한 러시아군의 손실이 7만~8만 명에 달한다고 밝혔다.

그렇다면 이런 큰 손실을 내면서도 푸틴은 왜 총동원령을 발동하지 않은 것일까?

현재 많은 전문가들은 '푸틴은 국민의 반발을 두려워하고 있다'고 설명하고 있다. 마이클 킴머지와 마리아 립맨이 ≪포린 어페어스≫에 기고한 논문(Kimmage and Lipman, 2022.5.31)을 간단하게 소개해보자.

두 사람에 따르면 푸틴 정권 초기에는 정부와 국민 사이에 '불가침협정'이 존재했다. 정부가 국민의 생활을 보장하는 대신 국민은 정부의 방침에 이의를 제기하지 않는다는 것이 그 핵심이다(카네기재단 모스크바 센터의 알렉산드르 바우노프는 '자유와 번영 대신에 위대한 러시아를 약속하는 사회계약'이라는 표현을 쓴다(Баунов, 2015.6.3). 제1차 러시아-우크라이나 전쟁 이후에는 서방과의 관계가 악화하고 반체제파 탄압은 강화되었지만 대다수 사람은 이를 자신의 일로 생각하지 않고 세상은 대체로 평온하다는 '지속 가능한 환상'이 지배하고 있었다.

2022년에 제2차 러시아-우크라이나 전쟁이 시작된 후에도 이 환상은 완전히 사라지지 않았다. 그것이 '특별군사작전'인 이상 싸우는 것은 직업군인들에게 한정되고 일반 시민이 동원되거나 징병으로 군에 간 아들들이 전장에 투입되지는 않기 때문이다. 하지만 일단 푸틴이 전시체제를 선언하면 이 '불가침협정'이 붕괴되고 공포와 분노가 사회에 퍼질 것이다. 다시 말하자면 푸틴의 우크라이나 침략은 클라우제비츠가 말하는 전쟁의 '삼위일체' 중 '국민' 요소(전쟁에 대한 열광적 지

[그림5] 2022년 9월 21일, 러시아는 제2차 세계대전 후 처음으로 부분 동원령을 발동했다 (©AP /아프로)

지)를 잃을지 모른다. 이것이 푸틴으로 하여금 총동원령 발동을 주저하게 하고 있다는 것이다.

이러한 킴머지와 립맨의 견해에 필자는 기본적으로 찬성한다. 단 푸틴이 '특별군사작전'이라는 명분을 절대로 버릴 수 없을지 어떨지는 검토의 여지가 있다. 만일 우크라이나가 러시아 지배 영역을 더 폭넓게 탈환하여 푸틴의 정치적 체면이 완전히 손상된다면 일종의 정치적 도박으로 총동원령 발동을 감행할 가능성을 배제할 수 없다.

이 경우 러시아 국민들이 '공포와 분노'에 의해 푸틴의 권력을 붕괴시켜려 할지 어떨지는 미지수다. 총동원령이 의외로 국민을 열광시켜서 러시아에도 '삼위일체'가 생겨날 수도 있고, 푸틴이 국민들의 불만을 정치적 탄압으로 찍어 누를지도 모를 일이다.

## 부분 동원

실제로 이 책 탈고 직전인 2022년 9월 21일에 푸틴 대통령은 드디어 부분 동원령 발동을 감행했다. 러시아의 각종 공식 발표를 종합해 보면 군 복무 경험(특히 전문 기능과 전투 경험)이 있는 예비역 약 30만 명을 소집한다는 것이다. 또한 일부 보도에 따르면 동원의 최종 규모는 100만 명에서 120만 명에 이른다고 한다(Meduza, 2022.9.23.; Новая газета. Европа, 2022.9.22.). 실제로 이만한 예비역을 전력화 할 수 있다면 전쟁의 추세를 크게 바꿀 가능성이 있다(그림5).

이 책 집필 시점에 판명된 바에 의하면 동원 실태는 매우 부실하며 원래 동원 대상이 아닌 군무 미경험자와 고령자, 심지어는 이미 사망한 사람에게까지 소집영장이 발부되는 사례가 있었다고 한다. 앞서 말한 바와 같이 동원을 실시하는 책임은 각 연방 구성 주체에게 있으므로 동원을 얼마나 잘하는지는 지역에 따라 편차가 있는 것 같다.

동원되는 인원수에도 노골적인 차이가 있다. 보도에 따르면 러시아에서 가장 인구가 많은 연방 구성 주체인 모스크바시의 동원 예정 인원수는 1만 6000명, 상트페테르부르크시는 3만 2000명에 불과했다(Meduza, 2022.9.23). 그것에 비해 시베리아와 극동, 캅카스 등 가난한 변경 지역에서는 대규모 동원이 이루어진 것으로 보아 '대도시의 중산계급을 화나게 하지 않으려고 소수민족과 빈곤층을 타깃으로 한다'는 전략이 정권 측에 있는 것으로 보인다.

# 4. 핵 사용 가능성

## 핵무기 사용이라는 도박

한편 수직적 에스컬레이션, 즉 푸틴이 핵무기 사용을 감행할 수 없었던 이유는 서방이 우크라이나에 대한 군사원조를 제한해온 이유와 같은 구도로 이해할 수 있다. 한번 핵무기를 사용하면 그것으로 끝. 사태가 어디까지 악화할지 아무도 예측할 수 없다는 것이다.

『현대 러시아 군사전략』에서도 언급한 바와 같이 러시아의 군사이론가들은 재래식무기로 전쟁에 승리할 수 없는 경우에 핵무기를 사용하는 방안에 대해서 오랫동안 논의해 왔다. 이것은 러시아의 재래식무기가 냉전시대와 비교해서 매우 열세에 있다는 현실을 반영한 것인데 러시아의 핵 사용 정책은 크게 나누면 다음 세 가지 시나리오로 분류할 수 있다.

- 전술핵무기를 전면적으로 사용하면서 재래식 무기를 보완하여 전투를 수행한다(전투 사용 시나리오).

- 적에게 큰 손해를 입힐 수 있는 목표를 선정하여 한정적으로 핵을 사용함으로써 전쟁을 계속하면 더욱 큰 피해가 난다는 것을 적이 알게 함으로써 정전을 강요한다(정전 강요 시나리오).
- 제3국의 참전을 저지하기 위해 '경고사격'으로 거의(또는 전혀) 피해가 나오지 않는 장소에서 한정된 핵폭발을 일으킨다(참전 저지 시나리오).

첫 번째 전투 사용 시나리오 자체는 냉전시대부터 있었던 것이지만 냉전 후에는 그 능력을 억지력으로 활용하려고 생각했다. '지역적 핵 억지'라고 불리는 것이며 1997년경에는 이미 러시아 군사출판물에 등장한 것을 확인할 수 있다(Fink and Kofman, 2020).

단, 지역적 핵 억지 전략이 실제로 어디까지 기능할 것인지에 대해서는 의문을 갖는 견해가 많다.

이스라엘의 러시아 군사 전문가인 드미트리 아담스키에 의하면 러시아가 말하는 지역적 핵 억지가 기능하려면 전술핵무기 배치 상황과 사용 기준이 고도로 투명하게 공개되어야 한다. 요컨대 어떤 상황에서 어느 정도의 전술핵무기가 사용될 것을 적이 인식하고 있지 않으면 전술핵무기 사용 위협이 효과가 없다는 것이다. 현실적으로는 러시아가 이런 정보를 명확하게 선언한 적이 없으며 단편적인 정보가 서로 모순되어 있거나 어긋나 있는 경우가 매우 많다. 따라서 지역적 핵 억지는 고도로 통합된 핵 운용 정책 등이 아니라 군과 전략 커뮤니티가 독자적으로 주장하고 있는 모호한 개념의 집합체에 지나지 않는다는 것이 아담스키의 결론이다(Adamsky, 2013).

러시아 전술핵 전력이 거의 손상되지 않고 온존해 있음에도 불구하고 우크라이나가 현재 전쟁 지속을 포기하지 않고 있는 것을 보더라도 '지역적 핵 억지'는 기능하지 않고 있음을 알 수 있다.

위협이 목적이 아니라 순수하게 전장의 형세를 유리하게 전환시키기 위해 핵무기를 사용한다는 시나리오는 가능성이 더 낮다. 이 같은 경우에는 상당한 수의 전술핵무기를 사용할 필요가 있는데 이렇게 되면 서방은 더 이상 우크라이나에 대한 군사원조를 제한하지 않게 된다. 또 경우에 따라서는 나토의 직접 개입(비행금지구역 설정부터 지상부대 전개까지)까지도 진지하게 고려할 수밖에 없게 된다. 하지만 제3차 세계대전이 두려운 것은 러시아도 마찬가지다. 그것은 너무나도 위험한 도박이기 때문이다.

## 에스컬레이션 억지는 기능하는가

이에 비해 제2의 정전 강요 시나리오는 최근 서방에서 '에스컬레이션 억지de-escalation' 전략으로 널리 알려지게 된 시나리오로서 많은 우려를 불러오고 있다. 이 전략의 요체는 전투 사용처럼 핵무기로 적의 손해를 최대화하는 것이 목표가 아니라 군사행동을 계속함으로써 생기는 피해가 군사행동을 정지함으로써 생기는 이익보다 더 크다고 적이 판단할 정도의 '계산된 손해tailored damage'를 입히는 것이다(Sokov, 2014.3.13.). 이 전략의 원형은 1990년대 말부터 2000년대 초에 걸쳐서 거의 완성되었다(Лумов и Баг- мет, 2002; Левшин, Неделин, Сосновский, 1999).

이것은 미국의 히로시마와 나가사키 원폭 투하의 러시아판이라고 할 수 있는 핵전략인데 현재의 우크라이나에 대입하면 아직 큰 손해를 입지 않은 도시(예를 들면 리비우와 오데사)를 선정하여 저출력 핵탄두를 투하하는 시나리오를 생각할 수 있다.

제이콥 킵이 지적하는 바와 같이 핵무기에 의한 에스컬레이션 억지형 핵 사용은 분쟁이 극한까지 과열되었을 경우, 한정적이던 핵 사용의 문턱을 대폭 낮출 위험성을 안고 있었다(Kipp, 2001.5~6). 더욱이 2010년대 이후 러시아의 에스컬레이션 억지형 핵 사용을 우려한 미국은 트라이던트 IID-5 잠수함 발사 탄도미사일SLBM의 출력을 낮춘 핵탄두(W78-2)를 탑재하고 러시아의 한정 핵 사용에는 같은 정도의 핵 사용으로 대응한다는 전략을 채택한다.

즉 러시아가 우크라이나에 '계산된 손해'를 입힐 때는 이와 동등한 손해가 자국에도 돌아올 가능성이 있으며 그럴 경우에는 전면 핵전쟁으로 발전할 각오도 해야 한다. 우크라이나의 공격을 버거워하면서도 러시아가 한정 핵 사용을 결단하지 못하는 이유는 아마 여기에 있을 것이다.

또 그렇기 때문에 러시아는 에스컬레이션 억지형 핵 사용을 공식적인 핵전략으로 채택하지 않고 있으며, 그 가능성만 시사함으로써 위협을 가하는 심리전이라는 견해가 이전부터 서방 전문가 사이에 널리 퍼져 있었다(Durkalec, 2015).

## 핵의 메시지

마지막 참전 저지 시나리오도 거의 같은 리스크를 안고 있다. 이 경우 핵무기는 아직 참전하지 않은 대국에 대한 메시지를 목적으로 사용되기 때문에 핵전략 용어인 '선행 사용first use'이 아니라 '예방 공격preemptive strike'에 해당한다. 전자는 재래식무기로 전투하면서 먼저 핵을 사용한다는 의미이며 후자는 메시지 상대방과는 아직 전쟁이 시작되지 않은 단계에서 핵 사용을 감행한다는 의미이기 때문이다.

이런 핵전략이 러시아군에 언제부터 생겼는지는 확실하지 않으나 이 전략이 국제적으로 주목을 모으게 된 계기는 2009년 10월 ≪이즈베스티야≫지의 니콜라이 파트루셰프 러시아연방 안전보장회의 의장 인터뷰(Мамонтов, 2009.10.14)였다.

그 내용은 향후의 군사 독트린에서는 무력 분쟁과 국지전쟁(러시아 군사독트린은 전쟁을 규모와 강도에 따라 네 가지로 분류하며 이 두 유형이 가장 규모와 강도가 작다)에서도 예방적인 핵 사용을 상정해야 한다는 것이었다. 즉 러시아의 소규모 군사개입을 서방이 실력으로 저지하려고 할 경우 핵무기를 사용하여 경고를 주는 방안이라고 해석할 수 있다(Kroenig, 2015.2~3).

그러나 거듭 말하건대 한정적이든 손실이 없든 간에 핵무기를 사용하면 그것으로 끝이며 사태가 어디까지 번질지는 아무도 모른다. 미국 국가안전보장회의NSC가 2017년에 실시한 도상연습은 이 점을 잘 나타내고 있다. 프레드 캐플런 기자에 따르면 이 연습의 주제는 러시아가 주독일 미군기지에 한정 핵 사용을 감행할 경우에 어떻게 대응할 것인가 하는 것이었다. 이 경우 어떤 팀은 벨라루스에 한정 핵 사용에 의한 보복을 선택했고 또 다른 팀은 재래식무기에 의한 보복을 선택했다고 한다(Kaplan, 2020).

즉 이 사례는 완전히 동일한 러시아의 한정 핵 사용이라는 사태를 맞더라도 미국이 어떻게 반응할지 러시아는 확신할 수 없다는 것을 시사하고 있다. 실제로 미국이 어떻게 나올지는 여기에다 대통령의 성격과 국민 여론과 같은 좀 더 모호한 요소가 추가되기 때문에 더 복잡해지므로 러시아가 그리 쉽게 핵 사용을 감행할 수 있을 거라고는 생각하기 어렵다. 핵무기를 우크라이나에 대한 '경고사격'으로 사용한다는 방안도 있지만 이것도 역시 문제가 있다. 예를 들면 흑해에서 핵무기가 폭발했을 때 젤렌스키가 '그래서 뭐 어쩌라고' 하면서 영토 탈환 작전을 지속한다면 러시아의 체면만 망가질 뿐이다. 그렇다고 해서 러시아가 도시에 핵공격을 감행하는 일은 앞서 언급한 에스컬레이션 위험성이 가로막고 있다.

2017년에 승인된 러시아 해군의 장기 전략 문서 「2030년까지의 해군 활동 분야에 관한 러시아연방 국가정책 기초」와 2000년에 공개된 「핵 억지 분야에서 러시아연방 국가정책 기초」가 핵무기에 의한 에스컬레이션 억지에 대해 언급하면서 이를 어디까지나 일반론으로 유보하고 있다. 따라서 에스컬레이션 억지 전략도 정전 강요 시나리오와 마찬가지로 심리전 영역에 머무른다고 보는 견해가 유력하다.

다만 러시아가 실제로 한정적 핵 사용 방안을 오랫동안 온존시켜 왔으며 이를 실행할 수 있는 능력을 실제로 보유하고 있다는 사실 자체는 결코 가볍게 보아서는 안 된다. 에스컬레이션 리스크에 관한 푸틴의 계산 방식이 서방의 계산 방식과 같다는 보장은 어디에도 없기 때문이다.

## 효과 없었던 비핵 에스컬레이션 억지

참고로 핵 사용 문턱을 낮출 때의 리스크는 러시아군도 인식하고 있으며 최근에는 핵무기를 사용할 때와 같은 효과를 재래식무기를 이용해 낼 수 있는지에 대한 논의가 활발해졌다. 이 점에 대해서는 『현대 러시아 군사전략』에서 상세하게 논하였으므로 중복은 피하겠지만 요는 비핵 '정밀유도무기PGM'로 '계산된 손해'를 입히자는 것이다.

그러나 현실적으로 비핵 에스컬레이션 억지는 우크라이나에는 통하지 않았다. 개전 이래 러시아는 순항미사일부터 폭격에 이르기까지 모든 비핵 수단을 민간인을 대상으로 사용했지만 우크라이나의 저항 의지는 꺾이지 않았다. 핵무기라는 궁극의 파괴력이 지닌 심리적 공포 없이는 에스컬레이션 억지가(적어도 우크라이나 영토 탈환 작전에 대해서는) 효과를 발휘하지 못했다.

또 비핵 에스컬레이션 억지는 서방을 억지하지도 못하고 있다. 제3장에서 언급한 우크라이나 서부 야보리브에 대한 집중적인 순항미사일 공격은 비핵 에스컬레이션 억지를 노린 것이라 추측되지만 군사원조와 ISR 지원 등 유형무형의 서방 측 지원은 그 후에도 계속되고 있기 때문이다. 더욱이 러시아가 재래식무기로 계속해서 에스컬레이션을 시도한다면 나토 영내의 군사시설 등에 대한 한정 공격 외에는 남은 목표가 없게 되고 그럴 경우에는 결국 나토와의 전면전쟁이라는 리스크가 다시 떠오르게 된다.

정리하자면 제2차 러시아-우크라이나 전쟁은 대국 간의 전략 억지가 기능하는 상황에서 벌어진 전쟁, 즉 핵전쟁에까지 이르지 않는 범위 내에서 모든 능력을 구사하는 전쟁이다.

5부

# 이 전쟁을 어떻게 이해할 것인가

# 1. 새로운 전쟁?

## 테크놀로지가 바꾸는 것과 바꾸지 않는 것

제1장~제4장에서는 시계열로 전쟁의 추이를 살펴보았다. 제5장에서는 이 전쟁을 어떻게 이해할 것인가를 주제로 각각 다른 각도에서 살펴보고자 한다.

첫 번째는 이 전쟁의 '성질'에 관한 것이다.

전쟁을 파악하는 방법에는 '특징character'과 '성질nature' 두 종류가 있다는 것은 『현대 러시아 군사전략』에서 살펴보았다. 중복이 될 수 있으나 다시 확인해보자면 '특징'은 주로 전투의 양상에 관한 것이며 무기 성능과 전술(넓은 의미의 테크놀로지)에 의해서 좌우된다. 이와 달리 '성질'은 전쟁이라는 현상 그 자체의 상태에 관한 것이다. 전쟁이 무엇을 위해서 벌어지고 있는가, 전쟁과 사회는 어떤 관계가 있는가, 선인가 악인가, 이러한 인식의 틀 자체가 전쟁의 '성질'을 규정한다.

이런 관점에서 본다면 제2차 러시아-우크라이나전쟁의 '특징'은 매우 현대적이다. 예를 들면 이 전쟁에서 러시아와 우크라이나 모두 무인항공기UAV를 대대적으로 활용하고 있으며 그 용도와 투입 건수는 과거의 어떤 전쟁보다 많다. 교전 주체 쌍방이 이만큼 치열하게 UAV를 투입한 전쟁은 역사상 처음이다.

또한 미국 기업이 우크라이나에 제공한 위성통신시스템 '스타 링크'나 필자도 이용하고 있는 상용 위성 서비스 등 제2차 러시아-우크라이나 전쟁은 우주 공간도 활발하게 이용하고 있다. 이 책 집필 당시에는 밝혀지지 않았지만 위성통신과 위성항법시스템에 대한 전파 방해 등도 (아마도 양쪽 모두) 대규모로 실시하였을 것이며 그런 의미에서 '우주 전쟁'의 성질을 찾을 수 있다.

이런 '특징'에 관한 새로움은 일일이 열거할 수 없지만 이러한 현상 때문에 이 전쟁을 '새로운 전쟁'이라고 부를지 어떨지는 또 다른 문제다. 그 시대의 최신 테크놀로지를 전쟁에 이용하려는 시도는 어느 시대에나 보편적인 현상이었다. 그렇다면 어떤 전쟁이라도 다 '새로운 전쟁'이라 이름 붙일 수 있을 것이다. 따라서 테크놀로지 관점에서 어떤 전쟁을 '새로운 전쟁'으로 간주하려면 그 전쟁에서 일어난 전투 양상(특징)의 변화가 전쟁의 '성질' 전체를 바꾸었는지 아닌지를 검토해야만 한다.

이런 관점에서 제2차 러시아-우크라이나 전쟁을 과거의 독소전쟁과 비교해보자. 제2차 러시아-우크라이나 전쟁에서 펼쳐지고 있는 전투의 '특징'은 80년 전과는 확실히 다르고 전차 간 교전 거리, 이들을 상공에서 지원하는 공격기의 비행 속도, 각종 무기의 명중 정확도 등은 비교할 수 없을 정도로 향상되었다. 또한 독소전 당시에는 없었던 테크놀로지(예를 들면 UAV)가 투입되어서 개별 전투 양상이 크게 변화했다.

하지만 조금 떨어져서 관찰해보면 전쟁의 전체적인 모습은 별로 바뀌지 않은 것으로 보인다. 지역 쟁탈전, 기갑 전력에 의한 대규모 돌파, 항공기에 의한 근접 항공 지원과 저지 공격, 병참의 열쇠를 쥔 철도 공격 등은 80년 전의 전쟁을 그대로 재현한 것처럼 보인다. 전장에서 일반 시민에 대한 비인도적 행위, 포로 학대, 전쟁이 초래한 시민 생활 파괴 등도 마찬가지다. 제2차 러시아-우크라이나 전쟁은 21세기 테크놀로지를 이용한 하이테크 독·소 전쟁이라고도 부를만한 전쟁이므로 근본적인 '성질'은 별로 바뀌지 않은 것 같다.

## Enabler와 Enabled

또 새로운 테크놀로지는 많은 경우 그 자체만으로는 기능을 발휘하지 못한다.

여기서 브렛 벨리코비치의 체험이 시사하는 점이 많으므로 소개하고자 한다.

미 육군 특수부대 델타 포스의 일원으로 이라크에서 대테러작전에 참가한 벨리코비치의 임무는 대형 UAV인 '프레데터'를 이용하여 테러리스트를 찾아내는 일이었다. 그가 ≪월스트리트저널≫ 기자인 크리스토퍼 스튜어트와 공동 저술한 『드론 정보전』을 보면, UAV는 대테러작전이라는 거대한 전쟁 머신의 창끝에 지나지 않다는 것을 알 수 있다(ヴェリコヴィッチ·スチュワート, 2018).

테러리스트가 어디에 숨어 있는지, 테러 조직에 협력하고 있는 자들은 누구인지, 그들이 언제 이동하고 어디에서 테러를 일으키려고 하고 있는지. 이러한 정보 대부분은 지역사회와의 꾸준한 관계와 밀고, 잠복 등으로 얻을 수 있는 것이지 드넓은 이라크 국토 상공에 UAV를 띄워서 알 수 있는 것은 아니다.

벨리코비치는 아랍에미리트연방UAE의 특수부대로부터 어떤 소프트웨어를 쓰고 있는지 질문받았을 때를 다음과 같이 회상하고 있다. "테러리스트를 찾아내는 데 마법의 공식 같은 것은 없었다." 그는 타깃의 이름, 그들의 코드 네임, 가족과 친지 관계, 생활 패턴, 인터넷 사용 기록 등을 분석한 다음에야 비로소 UAV의 역할이 시작되었다고 말했다. 또한 그렇게 해서 타깃을 찾아냈더라도 UAV로 공격할지 어떨지는 상황에 따라 달라졌다. 공격 수단은 특수부대의 습격이 되는 경우도 있고 전투폭격기의 유도탄이 되는 경우도 있었다.

즉 새로운 테크놀로지는 재래식 군사작전을 가능하게 하는 많은 조각 가운데 하나(enabler)이며, 역으로 재래식 군사작전에 의해 새로운 테크놀로지가 효과를 발휘할 수도 있는(enabled) 상호의존관계라는 것이 벨리코비치가 경험을 통해 내린 결론이다. 이런 점은 이번 제2차 러시아-우크라이나 전쟁에서도 마찬가지다. 하이마스, UAV, HARM 등의 미국제 무기들은 각각 밀접하게 관련을 맺으면서 고전적인 무기인 곡사포 또는 지상부대와 연계됨으로써 효과를 발휘했다.

그 결과 출현한 것은 매우 고전적인 전쟁이었다는 점이 앞 장까지 살펴본 내용이다. 제2차 러시아-우크라이나 전쟁의 '특징'은 테크놀로지로 인해 더 새로워졌다고는 할 수 있지만 전쟁 전체의 '성질'은 오래된 전쟁과 크게 다르지 않았다.

## 하이브리드 전쟁 — '전장의 외부'를 둘러싼 싸움

'새로운 전쟁'에 관한 논의가 테크놀로지와 관련해서만 이루어지는 것은 아니다. 고전적인 전쟁 모델(제3장에서 우크라이나의 '삼위일체'에 관한 내용)에 해당하지 않는 전쟁도 있을 수 있다는 견해가 그것이다.

역사상 대부분의 전쟁은 '삼위일체'로 이루어지지 않았다는 점을 논한 마틴 반 크레벨드의 '비삼위일체 전쟁론'(クレフェルト, 2011)과 냉전 후 지역 분쟁에서는 각 무장세력이 승리를 추구하지 않고 오히려 일반 주민에게 폭력을 행사함으로써 분쟁 상황을 고착화하려고 한다는 메리 칼도어의 '새로운 전쟁론'(Kaldor, 2012) 등이 대표적이다.

이런 학술적인 논의를 참고하면서 미군이 발전시켜온 것이 이른바 '하이브리드 전쟁hybrid warfare' 이론이다. '하이브리드 전쟁' 이론은 냉전시대부터 주로 미해병대 내부에서 논의되고 발전되어왔다. 특히 유명한 것이 1980년대 말에 미해병대 장교인 윌리엄 린드 등이 정리한 '제4세대 전쟁4GW'이다. 저자들은 물리적 공간에서의 전투 양상이 테크놀로지에 의해 크게 변화할 것이라는 전망과 함께 사람들의 인지에 미치는 정보의 영향이 그에 필적하는 파괴력을 가질 것이라고 예견했다(Lind, Nightengale, Schmitt, Sutton and Wilson, 1989). 즉 전쟁을 '(폭력뿐만이 아니라) 강제력에 의한 정치의 연장'이라고 다소 넓게 해석한다면 정보전으로 적국 사회를 불안정하게 함으로써 군사력 행사를 불가능하게 하거나 정권 자체를 와해시키는 투쟁 방법도 있을 수 있다는 것이다. 저자들은 그러므로 'TV 뉴스는 기갑사단보다 더 강력한 무기가 될 가능성이 있다'고 말한다.

바꿔 말하면 제4세대 전쟁이론이란 클라우제비츠의 삼위일체 가운데 하나인 군대를 우회해서 전개하는 투쟁 방법 모델이다.

그리고 이러한 투쟁 방법은 고도의 테크놀로지가 없는 비국가 주체(예를 들면 테러리스트 등)도 사용할 수 있다. 테러 조직은 분산되어 있고 중앙집권적인 병참에 의존하지 않으며 기동성이 높다는 강점을 갖고 있는 반면 적을 정면으로 타격하는 힘은 매우 작다. 그래서 테러리스트는 자유민주주의 사회의 개방성을 이용하여 은밀하게 활동하고, 폭력을 행사할 경우에는 국가로부터 맹렬한 반격을 받는 장면을 미디어로 널리 확산시켜서 자신들이야말로 피해자라는 구도를 만들어 낼 것이라고 린드 등은 예견했다.

미군이 테러 조직 거점을 폭격하고 테러리스트를 살해할 수 있다 하더라도 민간이 말려들어서 죽거나 다치는 모습이 저녁 뉴스에 나오면 '군사적으로 성공할 수 있었던 작전이 뼈아픈 패배로 쉽게 바뀔 수 있다'는 것이다.

현재의 '하이브리드 전쟁' 군사이론은 역시 미해병대 출신인 프랭크 호프만 등이 이 4세대 전쟁을 기초로 만들었다. 비국가 주체가 점점 더 대두하고 인터넷이 등장하면서 정보의 힘이 더 강해진 현재, 4세대 전쟁적인 전투의 위력은 이제 '기갑사단' 정도의 힘을 넘어 핵무기 수준이 될 수도 있다. 이런 환경에서 미군이 싸워 이기기 위해서는 ① 전(全)방위성(모든 수단과 영역을 활용한다), ② 동시성(다양한 수단과 영역을 따로 따로가 아니라 동시에 활용한다), ③ 비대칭성(이상과 같은 조합으로 적이 생각지도 못하는 비고전적인 전투 방법을 고안한다)을 의식한 전투가 요구된다(또는 적이 그러한 수단을 쓸 것이라고 각오한다)는 것이 그 골자다(Hoffman, 2007).

이상과 같은 결론을 내리면서 호프만이 제시한 사례 연구가 2006년의 2차 레바논 전쟁에서 헤즈볼라가 이스라엘군을 상대한 전투 방법이었다.

이 전쟁에서는 정면 전력에서 이스라엘에 압도적 열세에 놓여 있던 헤즈볼라는 ① 비국가 주체이면서도 고도로 조직화한 군사기구를 가지고 있으며, ② 구식 무기에서 신형 무기에 이르기까지 다양한 군사 수단을 구사하면서 작은 전술적 성과(반드시 '승리'에 한정하지 않고)를 쌓아가고, ③ 그 모습을 정보공간에 확산시켜 정치적 영향력을 최대화하면서 이스라엘군의 권위를 대폭적으로 훼손(지상전과 공중폭격으로 일반 시민이 죽거나 다친 사실을 비난하는 등)시켰다.

그리고 ④ 이런 수법들을 동시에 전개함으로써 결국 이스라엘이 헤즈볼라의 괴멸이라는 전략 목표를 달성하지 못한 채 레바논에서 철군할 수밖에 없는 구도를 만들어냈다. 즉 하이브리드 전쟁이란 폭력 투쟁의 대체물 또는 별개의 투쟁 형태가 아니라, 폭력(군사 수단)이 비군사 수단과 동시에 그리고 밀접한 연계 아래 행사되면서 주로 '전장의 외부'(특히 사람들의 인식)에 호소함으로써 정치적 목적을 달성하려는 투쟁 형태라고 정리할 수 있다.

이처럼 '하이브리드 전쟁'을 규정함에 있어서 다양한 주체와 수단이 관여했느냐 아니냐는 그다지 본질적인 문제가 아니다. 중요한 점은 '전장의 외부'를 어떻게 제압하느냐의 문제이며 주체와 수단의 다양성은 결과에 지나지 않는다. 거꾸로 보면 자신들의 투쟁이 갖고 있는 정당성을 교묘하게 호소해서 적의 투쟁을 방해할 수만 있다면 민병대나 사이버전이 굳이 필요하지 않다. 만약 이런 요소들이 사용되었다고 하더라도 전쟁의 승패가 '전장의 내부'에서 결정된다면 그것은 고전적인 전쟁의 현대판에 지나지 않는다.

## 러시아의 '하이브리드한 전쟁'과 우크라이나의 '하이브리드 전쟁'

이상과 같은 관점에서 보면 제2차 러시아-우크라이나 전쟁이 '하이브리드 전쟁'이 아니라는 점은 명확하다.

분명히 민간 군사 기업, 친러파 무장세력, 카자크 등의 다양한 비국가 주체가 이 전쟁에 관여하고 있다. 또한 러시아가 개전을 전후하여 대규모 사이버 공격과 허위 정보 유포 등 비물리 공간에서도 공격을 전개했는데 그런 의미에서는 전투는 영역 횡단(크로스 도메인)적인 성격을 띠고 있다.

'하이브리드 전쟁' 이론의 핵심은 투쟁의 승패를 결정하는 중심이 '전장의 외부'에 있다는 점이다. 그런데 제2차 러시아-우크라이나 전쟁의 중심은 '전장의 내부', 즉 화력과 병력이 승패를 가르는 고전적인 폭력 투쟁이며 비국가 주체와 비군사 수단 활용은 보조 수단에 지나지 않는다. 따라서 이 전쟁은 '하이브리드한 전쟁'이기는 하지만 '하이브리드 전쟁'은 아니라고 할 수 있다.

오히려 '하이브리드 전쟁' 측면은 우크라이나의 저항 전략을 설명하는 데서 보다 유용한 틀을 제공해준다. 제3장에서 살펴본 바와 같이 젤렌스키는 개전 후에도 수도 탈출을 거부하고 남아서 국민에게 철저 항전을 호소했다. 또한 그의 용감한 결단과 코미디언 생활로 갈고 닦은 말솜씨는 널리 국제사회의 공감을 불러일으키고 러시아에 대한 비난과 우크라이나에 대한 공감을 불러일으키는데 적지 않은 역할을 했다. 이와 같은 점을 보면 우크라이나는 자국의 전략적 입장을 강화하기 위해 '전장의 외부'에서 상당히 잘 처신했다.

다만 젤렌스키의 '하이브리드 전쟁'은 그 한계도 드러냈다. 사람들의 인식에 작용하는 젤렌스키의 행동거지는 러시아의 전쟁 수행을 불가능하게 할 정도의 효과는 미치지 못했다. 실제로 러시아에서 가장 큰 민간 여론조사 기관 '레바다 센터'에 의하면 2021년에 6할대 추이를 보였던 푸틴의 지지율이 개전 후에는 훨씬 올라가서 '특별군사작전'에 대한 지지와 함께 대략 8할 전후를 보이고 있다. 반면에 미국과 EU, 우크라이나에 대한 호감도는 급락하고 있는 것을 보면 '젤렌스키 효과'는 러시아 여론에 대해서는 거의 무력했다는 사실을 확인할 수 있다.

이 점은 '하이브리드 전쟁론'의 배경을 보면 어쩌면 당연한 결과다. 호프만의 연구가 헤즈볼라의 대 이스라엘 전략을 주제로 하고 있는 것만 보아도 알 수 있듯이 '하이브리드 전쟁'은 어느 정도 민주적인 정치체제인 강자에게 약자가 대항하기 위한 전략이다. 호프만의 관심은 약자의 그런 전략에 미국(민주적인 군사적 강자)이 지지 않으려면 어떻게 해야 하는 가에 초점이 맞추어져 있다. 그는 강한 쪽의 체제가 권위주의적인 경우에 대해서는 처음부터 상정하지 않았다. 개전 후 러시아의 정보 통제와 정치적 억압이 더욱 강화된 것을 생각하면 젤렌스키의 '하이브리드 전쟁'이 효과를 발휘할 여지는 처음부터 매우 작았다고 할 수 있다.

## 2. 러시아 군사이론으로 본 이번 전쟁

### 신형 전쟁

'하이브리드 전쟁'은 미군이 발전시켜온 군사이론이며 러시아에서 생겨난 것은 아니다. 그렇다면 다음으로 검토해야 할 것은 러시아 자신의 군사이론으로 보았을 때 이 전쟁은 무엇인가(혹은 무엇이 아닌가) 하는 점이다. '하이브리드 전쟁'과 유사한 러시아의 군사이론으로는 '신형 전쟁(война нового типа)'이 있다. 이것은 2010년대에 들어와서 심리전부대의 이고르 포포프 등이 주장한 것이며 '가장 수치스러운 수단'을 포함한 모든 투쟁 방법을 구사하면 전쟁을 하지 않고도 적국을 붕괴시킬 수 있다는 주장을 중심으로 한다.

그러면 '가장 수치스러운 수단'이란 무엇인가. 포포프에 의하면 그중 하나는 정보전과 테러의 조합이다. 인권침해, 독재, 대량살상무기 제조, 민주주의 결여 등을 내세워서 군사력 행사가 불가피하다는 분위기를 국제사회에 조성하고, 적국 내 반체제파를 조종하여 시위를 일으키고, 미디어와 인터넷에 거짓 정보를 확산시켜서 군사력 행사에 반대하는 의견을 압살하고, 나아가서는 반대하는 세력의 중심인물을 암살하는 등이 그 주요 수단이다. 이러한 방법을 구사하면 군사력을 행사하지 않고도 (그리고 명백한 침략이라고 의식되지도 않으며) 적국 정부를 전복시킬 수 있는 경우가 있다고 한다. 포포프는 이런 투쟁의 가장 성공적인 사례로 구소련 각국의 일련의 정변(색깔 혁명)과 중동, 북아프리카의 '아랍의 봄'을 든다(Попов, 2014.4.11).

또한 정부 전복에 이르지는 못해도 한번 불안정 상태에 빠진 국가는 외부 세력의 잦은 간섭을 받게 된다. 과격파 조직, 난민, 민간 군사기업, 특수작전 부대, 첩보 기관, 범죄 조직 등이 유입되고 이러한 상황에 대한 인도 지원이나 안정화 지원의 명목으로 비정부 조직의 모습을 한 외국 공작원이 침투하여 분쟁이 더욱 격화된다는 것이 포포프가 묘사한 '신형 전쟁'의 모습이다(Попов и Хамзатов, 2018).

흥미로운 점은 포포프가 크레벨드와 칼도어의 저서를 인용하면서 자신의 주장을 전개하고 있다는 점이다. 러시아 군인들이 쓴 논문이나 저서에는 같은 러시아 학자와 동료 러시아 군인의 논문이나 책이 주된 참고문헌인 경우가 많고 미국이나 유럽의 문헌을 참고하는 경우는 많지 않다. 그들이 서방 측 문헌 등은 읽을 가치가 없다고 생각하는 것인지 혹은 서방 측 문헌을 인용하기 꺼리는 조직 문화를 갖고 있는지는 모르지만 일반적인 경향으로 보면 러시아 군인이 쓴 문장의 각주는 러시아어 문헌만으로 차 있는 경우가 많다.

그런데 포포프는 크레벨드를 인용하면서 앞으로의 전쟁은 비클라우제비츠형, 즉 비삼위일체가 될 가능성이 있다고 지적한다(Попов, 2013.3.22). 그리고 이런 전쟁은 '문명 간의 화해 불가능한 투쟁'이며 전쟁을 오래 끌게 하고 파괴와 혼란을 확산시키기 위해서 주된 표적이 일반 시민, 특히 여성, 어린이, 노인 등의 약자가 될 것이라고 하는데, 이 부분은 칼도어의 '새로운 전쟁' 이론 그대로다(실제로 칼도어를 인용하고 있다).

이렇게 보면 냉전 후에 서방 측 전쟁 연구자들이 주창한 '새로운 전쟁' 이론을 2010년대까지는 러시아 군인들도 인식하고 있었으며 군사 이론으로 응용하려고 시도했다는 사실을 알 수 있다.

더욱이 포포프의 논의는 나름대로 영향력을 발휘했다. 가장 대표적인 것이 2015년 4월, 국방부의 안드레이 카르타포로프 정치·군사총국장(당시)이 한 군사과학아카데미 연설이다(Картаполов, 2015). 카르타포로프는 이 연설에서 그야말로 '신형 전쟁'이라는 말을 쓰면서 포포프와 같은 논의를 전개하였을 뿐만 아니라 포포프의 논문과 똑같은 말이 그대로 반복하여 등장하고 있다. 카르타포로프가 표절하지 않은 한 이 연설 원고의 진짜 저자는 포포프였을지도 모른다. 그 후 카르타포로프는 2021년 총선거에서 하원의원에 당선하고 그대로 하원 국방위원장에 취임했다.

## 신세대 전쟁

포포프가 주창한 '신형 전쟁' 이론은 '하이브리드 전쟁' 이론과 비슷한 것 같으면서 미묘하게 다르다. 이미 살펴본 바와 같이 '하이브리드 전쟁'이 상정하고 있는 것은 약자의 전략이며 따라서 우세한 재래식무기의 침공을 게릴라적인 수법과 비군사적 투쟁 수단으로 좌절시키는 것을 염두에 두고 있다. 한편 '신형 전쟁' 이론은 강자가 약자를 알아

차리지 못하는 방법으로 침략·정복하기 위한 방안으로 규정되어 있으며 이를 위해서 전쟁은 될 수 있는 한 오래 지속되는 것이 좋다고 되어 있다. 양쪽 다 밑바탕에 있는 것은 칼도어의 '새로운 전쟁'이지만 미국과 러시아의 입장 차이에 의해 서로 다른 방향으로 진화했다고 볼 수 있다.

한편 '신형 전쟁' 이론에는 또 다른 형제가 있다. '신세대 전쟁(война нового поколе- ния)'이론인데 이름도 닮았고 주장하는 내용도 별로 다르지 않다. 두 사람의 논의는 당초 극단적인 하이테크 무기 중시론자로 알려진 블라드미르 슬립첸코(군사과학아카데미 부총재)의 강한 영향을 받아 출발했으나 이윽고 정보의 힘에 대한 관심이 높아졌고 2010년대 초에는 '정보를 중심으로 한 비군사 수단을 활용하여 적국을 타도할 수 있다'는 방안을 명확하게 내세우게 되었다(Чекинов и Богданов, 2013.; Чекинов и Богданов, 2012.; Чекинов и Богданов, 2011.; Чекинов, 2010).

하지만 공군과 육군의 병과장교였던 체키노프와 보그다노프는 폭력 투쟁의 가능성을 경시하는 것은 아니다. 포포프의 '신형 전쟁'과의 최대 차이가 여기에 있다. 즉 두 사람의 논의에서는 비군사 수단 중심의 투쟁 형태가 고전적인 전쟁을 완전히 대체하는 것으로 간주하지 않고 오히려 투쟁 수단의 폭(스펙트럼)이 넓어졌다고 보았다.

또한 체키노프와 보그다노프는 비군사 수단에 의한 투쟁이 효과를 발휘하는 것은 전쟁의 가장 초기 단계(IPW)에 한정된다고 본다. 두 사람에 의하면 이 단계에서는 정보·심리전을 중심으로 한 비군사 수단과 하이테크 작전 능력이 집중적으로 사용되어 적의 군사력이 아니라 정치·경제·산업 중추와 국민의 전쟁 지속 의지를 철저하게 파괴하려고 시도한다는 것이다. 이와 같이 두 사람은 IPW에서의 군사력 행사는 비군사 수단의 효과를 증폭시키는 것으로 규정하고 있다(Чекинов и Богданов, 2013). 더욱이 현대전은 매우 빠르게 전개되기 때문에 전시 경제체제와 예비역을 동원할 시간적 여유가 없고 교전국은 개전 시점에 지니고 있는 자원으로 싸울 수밖에 없다. 따라서 평시부터 충분한 경제력과 군사력이 없는 중소국은 이 단계에서 패배할 가능성이 크다고 결론 내리고 있다.

한편 IPW를 견뎌낼 수 있을 정도의 경제력과 군사력을 지닌 대국에 대해서는 이야기가 달라진다. 개전 벽두의 격렬한 탈군사적 투쟁을 적이 견뎌냈을 경우에는 특수작전부대의 유도를 통해 장거리 PGM이 적의 군사력을 파괴하고 공수부대가 중요 거점을 점거하고 대규모 지상부대가 적국 영토를 완전히 제압하여 무력화시킬 필요가 있다.

따라서 두 사람의 미래 전쟁 비전은 적의 군사적 투쟁 능력이나 그것에 기초한 폭력 투쟁의 강도에 따라 행사 가능한 투쟁 수단과 그 유효성이 변화할 수 있다는 동태적인 성격을 가진다. 바꿔 말하면 '신형 전쟁'은 어디까지나 중소국에 대한 전략론이며 대국과의 전쟁을 포함한 모든 전쟁이 다 '신형 전쟁'이 되리라고 주장하는 것은 아니다.

## 소년 푸틴의 깨어진 꿈

그러나 이번 전쟁은 '신형 전쟁'에도 '신세대 전쟁'에도 완벽하게는 해당하지 않는 것 같다. 푸틴이 생각했던 플랜 A는 특수부대에 의한 '참수 작전'과 내통자의 안내 등을 상정한 점에서 '신형 전쟁'적으로 보이기도 하지만 이런 수단을 이용하여 무엇을 달성하고자 했는가 하는 점이 크게 다르다. '신형 전쟁'의 목표는 끝나지 않는 '화해 불가능한 분쟁'을 만들어 내는 것, 칼도어가 말하는 '새로운 전쟁'을 대국의 군사전략으로 이용하는 것인데 반하여 푸틴의 플랜 A는 신속하고 가능하면 무혈로 우크라이나를 굴복시키는 것을 목표로 했다.

한편 이번 전쟁의 양상은 '신세대 전쟁'과도 일치하지 않는다. 러시아가 전개한 우크라이나에 대한 비군사적 투쟁은 전체적으로 규모와 강도가 한정되었으며 예를 들면 거짓 정보로 인해 어떤 지역 주민이 우크라이나 귀속을 거부한다든가, 사이버 공격으로 인프라가 광범위하게 마비된다든가 하는 사태는 일어나지 않았다. 또한 러시아군은 PGM을 투입하기는 했지만 그 빈도는 별로 높지 않았고 하이테크 정밀 공격이 우크라이나의 경제와 군사력을 기능 부전 상태로 빠뜨리지도 못했다.

오히려 이번 전쟁에서 푸틴이 모델로 삼은 것은 소련과 러시아가 했던 주변 각국에 대한 개입 작전이 아니었는가 하는 것이 필자의 생각이다. 예를 들면 1968년 체코슬로바키아 공산당의 알렉산데르 둡체크 제1서기가 전개한 사회주의 개혁 운동, 이른바 '프라하의 봄'을 소련이 탄압한 사례를 생각해보자. 이때 소련은 둡체크를 모스크바로 불러서 개혁의 중지를 약속시키는 한편, 바르샤바조약기구군을 투입해서 체코슬로바키아 전국을 점령했다.

1979년의 아프가니스탄 침공에서도 소련은 특수부대를 통해 아프가니스탄 인민민주당의 하피줄라 아민 서기장을 급습해 살해하고 이어서 소련군 주력이 대거 침공했다. 이들 모두에서 정치 지도부 무력화(참수 작전)와 재래식무기에 의한 전격적 침공이라는 공통 패턴을 볼 수 있다.

2014년의 크림반도 강제 합병에 대한 기억도 푸틴의 머릿속에 생생했을 것이다. 이 작전은 우크라이나 전국 장악을 목표로 한 것은 아니었지만 특수부대로 반도 지역의 행정·입법부를 점거하고 후속으로 러시아군 주력이 전격적으로 영토를 점거한 점은 같았다.

참고로 푸틴은 대통령 취임 전 인터뷰에서 KGB를 지원한 동기에 대해서 밝혔다. 푸틴은 소년 시절 스파이가 되고 싶다고 결심하게 된 계기로 소련 시대 스파이 영화와 스파이 소설을 꼽았다. 이런 픽션에서 '모든 군대를 다 동원해도 불가능했던 일이 겨우 한 사람의 활약으로 해결되었다'는 점이 소년 푸틴의 '마음을 단단히 잡아 버렸다'는 것이다(ゲヴォルグヤン·チマコワ·コレスニコフ, 2000).

스파이 영화에 가슴 뛰던 소년이었던 푸틴이 우크라이나 침공이라는 일생일대의 큰 도박을 하면서 떠올렸던 것은 다음과 같은 모습이 아니었을까. 소수정예의 공작원과 그들이 구축한 내통자 네트워크로 적국을 내부에서부터 무너뜨리고 군대는 싸우지도 않고 전격적으로 점령한다는 시나리오.

1999년 제2차 체첸전쟁을 발동하려 했을 때, 총리 시절의 푸틴이 전면 침공이 아니라 체첸의 군사적 봉쇄를 주장했다는 에피소드에서 보더라도(Tsypkin, 2000) 그는 정면돌파식의 대결전보다는 이면 공작 방식을 선호하는 경향이 있는 것으로 보인다.

그러나 앞에서 살펴본 바와 같이 푸틴이 꿈꾼 플랜 A는 우크라이나의 저항력과 항전 의지를 너무나도 가볍게 본 탓에 결과적으로 무참한 실패로 끝이 났다.

## 한정 전체전쟁?

스웨덴 국방연구소FOI의 토르 북크볼은 냉전 이후의 러시아의 군사 사상을 ① 전통파(병력과 정신력을 가장 중시한다), ② 혁명파(테크놀로지의 힘으로 혁신적인 전투 방안을 실현하고자 한다), ③ 근대파(냉전 이후의 전략 환경 변화를 반영하여 병력 삭감과 징병제 폐지 등을 주장한다) 등 세 가지로 분류한 것으로 유명하다(Bukkvoll, 2011). 이제까지 살펴본 제2차 러시아-우크라이나 전쟁의 추이를 보면 이 중에서 현실과 가장 가까워 보이는 것은 ① 전통파이다.

하이테크 군사기술과 비군사적 투쟁이 큰 힘을 지닌 것은 IPW의 경우이며 적이 이를 견뎌낼 경우에는 고전적 전쟁으로 이행한다는 체키노프와 보그다노프의 진단은 이런 점에서 정확했다.

그럼 전통파가 생각하는 전쟁이란 어떤 것인가? 오랫동안 군사과학 아카데미 총재를 지내고 전통파의 우두머리로 보이는 마흐무트 가레예프의 사상을 바탕으로 살펴보자.

가레예프는 테크놀로지에 의해 가능한 혁신적인 전투 양상이라든가 적국을 내부에서부터 와해시키는 비재래식 전투 방법의 유효성을 부정하지는 않는다. 그의 저서 『만약 내일 전쟁이 일어나면…?』(Гареев, 1995)을 읽어보면 가레예프가 일찍이 PGM, 전자전, 무인항공기, 극초음속 무기, 인공지능 등의 21세기 주요 군사기술의 중요성을 인식하고 있었으며 비군사 수단에 의한 투쟁도 중시했다는 사실을 알 수 있다(Военно-промышленный курьер, 2012.1.25). 그러나 가레예프 역시 체키노프 및 보그다노프와 마찬가지로 이런 수단의 유효성은 IPW에 한정된다고 보았다. 이로 인해 전쟁 중반 이후에는 대량의 병력과 화력이 필요해진다는 입장을 취하는 것이 전통파의 큰 특징이다.

따라서 가레예프에 따르면 미래 전쟁을 이겨내는 열쇠는 징병제다. IPW의 불확실성에 대처하기 위해서도, 그 후 발생하는 고전적인 육군 간의 대규모 지상전에 승리하기 위해서도 대국의 군대는 유사시에 방대한 병력을 동원하는 능력을 가져야 하므로 징병제를 통해 국민에게 얇고 넓은 군사 경험을 축적시켜 놓아야 한다는 입장이다.

또한 가레예프는 징병제가 국민의 국방 의식을 함양하고 '무엇을, 무엇 때문에 지켜야 하는가'를 자각할 수 있는 기회가 된다고 한다. 가레예프가 국영 신문인 ≪러시아신문≫과의 인터뷰에서 한 '아무리 초근대적인 무기도 전투 훈련이라 해도 높은 사기와 조국 방위를 위한 마음가짐에 이길 수는 없다'는 말(Ямшанов, 2010.4.9)은 전통파의 사고방식을 단적으로 보여준다.

이번 전쟁에서 우크라이나가 IPW 단계에서 참수 작전과 내통자의 안내를 받은 러시아의 전격 침공을 견뎌내고 공습을 받으면서도 저항 의지를 꺾지 않았다. 이에 따라 전쟁은 전통파적인 고전적 양상을 보이게 되었다. 그런 의미에서 가레예프의 예언은 적중했지만 아이러니한 것은 동원 능력과 정신력에서 강점을 발휘한 쪽은 오히려 우크라이나였다는 사실이다.

이와 관련하여 소개하고 싶은 논의가 북크볼이 근대파의 한 사람으로 분류한 안드레이 코코신의 사상이다. 역사학 박사이면서 국방회의 서기와 국방차관을 지낸 코코신은 전쟁과 군사전략에 관해서 많은 저서를 남겼다. 그중에서 『군사전략의 정치·사회학』(Кокошин, 2005)은 특히 이번 전쟁을 이해하는 데 있어 풍부한 시사점을 가져다준다.

코코신은 전쟁을 '전체전쟁**тотальная война**'과 그 외의 것으로 분류하며, 이 둘은 규모로는 구분되지 않는다고 말한다. 코코신이 규정하는 '전체전쟁'은 전쟁의 목적에 주목한 개념이기 때문이다. 일반적으로 전쟁은 ① 적의 침략에 대한 원상회복, ② 한정된 영토의 탈취, ③ 특정 이익을 지킬 결의를 나타내기 위한 군사력의 과시, ④ 교전 상대국의 체제 전환 등 한정된 정치적 목적을 달성하기 위해 일어난다. 그에 반해 '전체전쟁'은 독일과 소련의 전쟁처럼 적국의 정치·경제·국민을 완전히 파괴하거나 지배하는 것을 목표로 한다.

그리고 이런 구별에 따른다면 지리적 범위, 투입 병력, 전쟁 강도 등이 한정된 형태로 수행되는 '한정 전체전쟁'과 같은 투쟁 형태는 논리적으로는 배제되지 않을 것이다. 만약 푸틴의 목적이 우크라이나 독립의 부정이라면 제2차 러시아-우크라이나 전쟁은 그야말로 여기에 해당한다고 할 수 있다.

## 3. 푸틴의 주장을 검증한다

### 우크라이나는 '네오나치 국가'인가

마지막으로 이 전쟁이 무엇을 둘러싸고 일어난 전쟁인지 알아보자. 그러니까 제2차 러시아-우크라이나 전쟁이 일어나게 된 근본적인 원인이 무엇인지 알아보자는 말이다. 제3장 앞부분에서 소개한 바와 같이 푸틴은 개전에 앞서 그 '대의명분'을 설명했다. 그 핵심은 ① 우크라이나 정부는 네오나치 사상에 물들어 있으며 러시아계 주민을 박해 및 학살하고 있다. ② 핵무기를 개발하고 있으므로 국제 안전보장에 위협이다. ③ 우크라이나가 나토에 가입하면 러시아의 안전보장이 위협을 받는다는 점이었다. 그럼 이 주장들은 얼마나 타당성이 있을까.

우선 ①에 대한 것이다. 2014년의 우크라이나 정변(유로마이단 혁명)에 네오나치적·국수주의적 세력이 관여한 것은 사실이며 그 후의 제1차 러시아-우크라이나 전쟁에서는 이들 세력의 무장부대도 내무부 국가친위군에 편입되어 싸운 것은 널리 알려져 있다.

마리우풀 공방전에서 국제적으로 유명해진 아조우 연대도 그 가운데 하나이다. 그들이 처음 내걸었던 이데올로기는 백인종의 우월성을 주장하는 나치의 인종주의의 영향을 강하게 받았다(佐原, 2022.7).

또한 아조우 연대는 독자적인 정치 부문을 가지고 있으며 이민과 성 소수자에 대한 정치적 폭력을 행사해왔고 제1차 러시아-우크라이나 전쟁에서도 민간인 살인과 포로 학대를 저질렀다는 내용이 유엔 인권최고대표사무소OHCHR 2016년 보고서에 기재되어 있다(OHCHR, 2016.; OHCHR, 2017).

또한 '시작하며'에서 언급한 바와 같이 우크라이나 정부는 제1차 러시아-우크라이나 전쟁 발발 후, '지역 언어법'을 폐지하여 러시아어를 공용어에서 제외하는 결정을 내렸다. 국제적인 비난을 받은 이 결정을 보더라도 우크라이나가 러시아계 주민을 전혀 탄압하지 않았다고는 할 수 없다.

그러나 이상과 같은 사정을 고려하더라도 우크라이나 전체가 네오나치 사상으로 물들어 있다고는 도저히 말하기 어렵다. 아조우 연대 창설자인 안드리 빌레츠키가 이끄는 정당 '국민 군단'이 2019년 선거에서 대패하고 빌레츠키 자신이 낙선한 것만 보더라도 이점은 명확하다. 이번 전쟁을 통해 그들의 영향력이 강해질 가능성에 대해서는 우려할만 하지만 개전 이전에 젤렌스키 정권과 우크라이나 사회가 네오나치화 되었다는 주장은 받아들이기 어렵다.

한편 러시아가 이번 전쟁에 투입한 민간 군사 기업 바르네르 그룹은 네오나치적 성향을 지닌 GRU 장교인 드미트리 우트킨이 조직하였는데(Meduza, 2016.12.15), 조직 이름 자체가 히틀러가 좋아한 작곡가 리하르트 바그너를 러시아어로 읽은 것이다(Коротков, 2016.3.29). 바르네르 그룹이 얼마나 짜임새 있는 조직인지에 대해서는 논란이 있지만(Mackinnon, 2021.7.6), 그 일부로서 제1차 러시아-우크라이나 전쟁 당시부터 우크라이나에서 싸워온 그룹은 상트페테르부르크의 초국가주의·네오나치 조직 '러시아제국군'에 그 뿌리가 있다고 한다(Rondeaux, Dalton and Deer, 2022.1.26.; Savage, Goldman and Schmitt, 2020.4.6). 젤렌스키 정권이 아조우 연대를 이용하고 있는 사실을 가지고 네오나치라고 부른다면, 푸틴 정권도 똑같은 비판을 피해갈 수 없다.

학살을 중지시키기 위해서 군사개입이 당장 필요한 상황이었다는 푸틴의 주장에도 객관적인 근거가 보이지 않는다. OHCHR에 따르면 제2차 러시아-우크라이나 전쟁 개전 전까지(2014년부터 2021년까지) 우크라이나의 사망자 수는 민간인과 군인을 포함해서 1만 4200명에서 1만 4400명이다. 이 중 민간인 사망자 수는 3404명이며 그 대부분(3000명 이상)은 제1차 러시아-우크라이나 전쟁 중인 2014~2015년에 걸쳐서 발생했다(OHCHR, 2022). OSCE 보고서에도 개전 직전인 2월 중순 시점 상황에서 우크라이나가 학살을 저질렀다는 내용은 없다.

한편 우크라이나 측과 친러파 무장세력과의 전투가 잠잠해진 2016년 이후의 사망자 수는 크게 감소했다. 특히 이번 전쟁에 앞선 4년간은 연간 사망자 수가 100명 이하로 내려갔으며 2021년에는 25명으로 과거 최저를 기록했다(이 중 12명은 지뢰 관련 사망자).

우크라이나에서 조직적인 '학살'이 있었고 당장이라도 군사개입을 하여 그것을 저지해야 하는 상황은 아니었다는 점은 명확하다.

## 근거가 약한 대량살상무기 개발설

우크라이나가 핵무기를 개발하고 있다는 주장(②)에도 역시 객관적인 근거는 보이지 않는다. 제1차 러시아-우크라이나 전쟁 후, 1994년의 부다페스트 각서를 재검토해야 한다는 의견이 있었던 것은 사실이지만 우크라이나 정부가 핵무기 포기 방침을 뒤집은 것은 아니다(The White House, 2014.3.25).

또한 우크라이나가 실제로 핵무기 보유를 위한 구체적인 조치를 개시했다는 징후는 국제원자력기관IAEA 등에 의해서 한 번도 제기된 적이 없었고, 우크라이나는 핵무기 개발에 필요한 핵 물질과 설비를 애초에 보유하지 않았다. 이는 IAEA 사찰로 거듭 확인되었다(Budjeryn and Bunn, 2022.3.9).

그래도 여전히 우크라이나가 핵무기를 개발하고 있다고 주장하면서 군사력 행사를 감행한다면 러시아는 그에 상응하는 입증 책임이 따른다. 그러나 이 책 집필 시점까지 관련 증거는 제출되지 않았다.

또한 러시아는 우크라이나가 미국의 지원을 받아서 생물무기를 개발하고 있다는 주장을 개전 후부터 했다(TACC, 2022.3.6). 우크라이나 보건부가 생물무기 개발에 관여하였으며 개전 후에 증거인멸을 시도한 사실을 나타내는 문서를 러시아군이 압수했다고 주장하였는데 더 이상 구체적인 증거는 제시되지 않았다. 3월에는 푸틴도 '우크라이나에 미국의 생물무기 연구 네트워크가 존재한다'고 주장했으나(TACC, 2022.3.6), 이 역시 물증은 없었다.

핵무기와 생물무기에 관한 러시아의 주장은 최종적으로 같은 곳에 귀착한다. 러시아가 우크라이나의 대량살상무기 개발을 알고 있었다면 국제연합 안전보상이사회 상임이사국으로서 이를 국제연합에서 논의하도록 하지 않은 이유는 무엇인가? 북한과 이란에 관해서는 6자 협의 멤버로서 실무적인 해결을 지향했던 러시아가 왜 우크라이나에 관해서만 갑자기 군사력 행사를 하였는가? 이 점들에 대해 러시아 측 공식 견해로는 명확한 설명이 이루어지지 않고 있다.

더 정확하게 말한다면 러시아는 개전 후에 이 문제를 국제연합 안전보장이사회에 제기했으며 8월에는 이 문제의 논의를 위해 생물무기금지조약BWC 체결국 회의까지 소집했다. 그러나 이들 회의에서 러시아 주장은 번번이 국제적인 지지를 얻지 못한 채 끝났다(Quinn, 2022.9). 러시아 외교부 스스로도 '러시아가 제출한 주장의 대부분이 적절하게 논의되지 않고 끝났다'며 불만을 표명했다(МИД России, 2022.9.13). 요컨대 우크라이나의 생물무기 개발에 관한 러시아 주장은 거의 무시당했다고 할 수 있다.

## 러시아는 왜 북유럽을 공격하지 않는가?

마지막 ③은 우크라이나가 나토에 가입하면 러시아의 안전보장에 위협이 된다는 주장이다. 이 주장 자체는 어느 정도 근거가 있다. 러시아와 우크라이나는 기나긴 국경을 공유하고 있으며 모스크바까지 가장 가까운 거리로는 450km에 불과하다. 만약 우크라이나가 나토에 가입한다면 러시아의 전략종심이 대폭 후퇴하고 푸틴의 말처럼 아주 짧은 시간에 미사일이 날아올 수도 있다.

문제는 우크라이나의 나토 가입이 임박했는가 하는 점이다. 러시아가 바이든 정권의 우크라이나 정책에 신경을 곤두세우고 있었던 점은 제1장에서 언급했지만 결과적으로 이 우려는 반만 맞았다. 즉 바이든은 크림반도 강제 합병을 인정하지 않는 자세를 분명히 내세우고 있었으나 그 이상 깊게 개입하지는 않았다. 우크라이나에 대규모 군사 지원을 하거나 나토 가입을 떠미는 일은 신중히 회피하고 있었다.

현실적으로 생각해도 우크라이나의 나토 가입은 어려웠다. 2014년의 제1차 러시아-우크라이나 전쟁 이후 돈바스는 계속해서 분쟁 지역이었다. 이런 상태에서 우크라이나가 나토에 가입한다면 북대서양조약 제5조에 정해진 집단방위 조항이 발동되어 러시아와 직접전쟁으로 발전할 수 있다. 바이든 정권이 2021년 이후 러시아와의 전쟁 회피를 지상 명제로 우크라이나 문제에 대처해온 것을 생각해보아도 나토 가입이 임박하였을 가능성은 확실히 없었다고 할 수 있다.

더군다나 제2차 러시아-우크라이나 전쟁이 벌어진 후에는 스웨덴과 핀란드가 나토 가입 의향을 표명하였으며 실제로 6월에는 가입이 승인되었다. 냉전시대부터 두 나라가 지켜온 중립 방침을 버리고 특히 '소련에 가까운 중립'이었던 핀란드가 나토에 가입하는 사태는 원래라면 우크라이나의 나토 가입에 필적하는 위기다.

그런데 이에 대해 러시아는 외교부에 의한 형식적인 비난(МИД России, 2022.5.16.; МИД Рос- сии, 2022.5.12) 외에 그다지 격렬한 반응을 보이지 않았다. 산발적인 영공 침범과 에너지 공급에 관련한 소규모 보복에 그쳤을 뿐이었다. 또한 푸틴 대통령은 6월 말에 열린 카스피해 연안 각국과의 정상회담에서 '(두 나라의 나토 가입은) 우려할 만한 일은 하나도 없다. 그렇게 하고 싶으면 그렇게 하라'고 말했다(Администрация Президента Российской Федерации, 2022.6.29).

분명히 푸틴은 만약 스웨덴과 핀란드에 나토 군부대와 군사 인프라가 전개된다면 이에 상응한 대응을 하겠다고 단서를 달기는 했다. 하지만 이것은 그야말로 '만약'이며 법적인 나토 가입은 곧 러시아와의 군사적 대립으로 이어진다든지, 군사력 행사를 초래한다든지 하는 말은 하지 않았다('거듭 말하지만 우리에 대한 위협이 발생했을 경우에'라고 푸틴은 거듭 확인했다).

나토와 러시아와의 관계를 정한 1997년의 '나토-러시아 기본협정서'에 비추어 보면 이것은 아주 합리적인 대응이라고 할 수 있다. 해당 문서의 제IV장에는 나토는 신규 가입국에 핵무기와 전방 저장 시설을 설치하지 않고 또한 대규모 전투부대를 추가적으로 영구 배치하지 않는다고 명기되어 있기 때문이다(NATO, 1997.5.27). 푸틴의 말은 나토가 이 약속을 어기면 보복하겠지만 그렇지 않으면 스웨덴과 핀란드의 신규 가입은 문제가 아니라는 것이다.

하지만 순수하게 군사적으로만 보자면 스웨덴과 핀란드의 나토 가입이 '우려할 만한 일은 아무것도 없다'는 결론에 이른다면 의문이 생긴다. 러시아와 핀란드의 국경은 1400km에 이르며 더구나 여기에는 극소수의 러시아군만이 배치되어 있었다. 또 핀란드 국경에서 모스크바까지 최단 거리는 790km에 못 미치고, 이미 나토에 가입한 라트비아는 590km에 못 미치며, 기존 나토 가입국인 노르웨이 국경에서 러시아군의 핵 억지력을 담당하는 콜라반도의 세베로모르스크 원자력 잠수함 기지까지는 230km에 못 미친다.

단순히 미사일 도달 시간이 문제라면 아직 가능성의 문제에 불과한 우크라이나보다도 이 가맹국들이 더 위협적이다. 라트비아와 노르웨이는 이미 정식 나토 가입국이니까 다른 문제라고 하더라도 핀란드와 스웨덴에는 가입 전에 선제공격을 가한다든지 경제·에너지 제재 등의 위협을 해도 이상한 일이 아니었을 것이다. 하지만 이러한 현실에서 푸틴은 '걱정할 것은 아무것도 없다'는 반응을 보였다.

## 푸틴의 야망설과 그 한계

반대로 생각해보자. 스웨덴과 핀란드의 나토 가입이 조건부 수용 가능한 것이라면 러시아는 왜 우크라이나에 대해서도 같은 반응을 보이지 않은 것일까?

푸틴의 주장은 '우크라이나는 러시아를 흔드는 반러시아 거점으로 나토에 이용되고 있고', '러시아어와 러시아 문화에 도전하고 자신들이 러시아 세계의 일부라고 생각하는 사람들을 박해하고 있기 때문'이라는 것이다. 이는 2021년 7월 12일 푸틴의 논문과 2022년 2월 21일의 비디오 연설에서 그가 한 말과 거의 같다.

따라서 스웨덴과 핀란드의 나토 가입 문제는 우크라이나와 같은 선상에서는 논할 수 없다는 것이 푸틴의 주장이다. 따라서 문제의 본질은 나토 확대가 아니라 우크라이나라는 국가를 러시아와의 관계에서 어떻게 위치 지을까 하는 점에 있다.

쉽게 말해서 '자신의 대에서 루스 민족의 통일을 이룬다'는 민족주의적 야망 같은 것이 있다고 상정하지 않고서는 스웨덴과 핀란드의 나토 가입을 둘러싼 푸틴의 행동거지를 제대로 설명할 수 없다.

이렇게 본다면 나토 불확대 등 서방에 대한 요구는 외교적 속임수에 지나지 않으며(합의 문서안을 공표하면서 교섭을 압박하는 수법은 외교적 상식에 반한다는 점은 제2장에서 언급했다) 푸틴의 우크라이나에 대한 집착이 더 강한 동기라고 말할 수 있다. 이제까지 여러 번 언급한 푸틴의 말을 그대로 받아들인다면 제2차 러시아-우크라이나 전쟁에 더 크게 영향을 미친 것은 바로 이것이었다고 생각한다.

현시점에서 이러한 생각은 필자의 상상에 불과하다. 이 전쟁이 개전에 이르게 된 상세한 의사결정 과정이 밝혀지고 나면 사실은 푸틴의 머릿속에는 나토 확대에 대한 공포가 가득했을지도 모른다. 아니면 민족주의적인 동기가 중심이었을 수도 있다. 또는 그 두 가지가 푸틴의 머릿속에서 서로 분리할 수 없이 이어져 있고 나토에 가입한 우크라이나가 '반러시아 거점'이 된다고 정말로 믿고 있었을 가능성도 있다.

푸틴의 민족주의적 야망설로는 이 전쟁이 왜 2022년 2월 24일에 시작되어야 했는지 설명할 수 없다. 앞서 살펴본 바와 같이 군사적으로 보아도 돈바스의 인도적 상황을 보아도 러시아가 즉시 개입해야만 하는 상황이었다고는 도저히 생각할 수 없다. 우크라이나의 나토 가입이 임박한 것도 아니었다. 그럼에도 푸틴에게 개전을 결단하게 한 동기가 무엇이었는지는 현시점에서 잘 모르겠다고 인정할 수밖에 없다.

언젠가 러시아 정치체제가 크게 변했을 때 역사 연구자들이 이 전쟁에 대해 무엇을 발굴해낼 것인가? 지금은 그날이 오기를 기다릴 수밖에 없다.

# '오래된 전쟁'으로서의 제2차 러시아-우크라이나 전쟁

이상과 같이 이 책에서는 제2차 러시아-우크라이나 전쟁의 추이를 따라가면서 이 전쟁에 대한 필자 나름의 고찰을 펼쳐보았다. 그리고 '마치며'에서는 이제까지의 논의를 총괄하면서 향후에 대한 약간의 전망과 필자의 의견을 말하고자 한다.

첫째, 이 전쟁은 매우 고전적인 양상을 보이는 '오래된 전쟁'이다. 무인항공기와 하이마스 등의 하이테크 기술이 활용되고, 정보전과 내통자의 안내로 대표되는 비군사적 투쟁 수단이 이용되었으며 이들은 각각 큰 효과를 발휘했다. 그러나 전쟁의 전체적인 추세에 더 큰 영향을 미친 것은 침략에 대한 우크라이나 국민의 항전 의지, 병력 동원 능력, 화력 등 더 고전적인 요소들이었다.

그렇다면 이 전쟁이 최종적으로 어떻게 끝나든간에 결정적인 영향을 미치는 것은(하이브리드 전쟁 이론이 중시하는 '전장의 외부'가 아니라) '전장의 내부', 즉 역사상 많은 전쟁의 승패를 나누어온 폭력 투쟁의 장이 될 것이다.

이것을 다른 각도에서 보자면 고강도 전쟁에 대처할 수 있는 능력을 실제로 보유하지 못한다면 억지력의 신빙성을 유지할 수 없음을 시사한다. 테크놀로지와 비군사적 투쟁 수단을 사용하는 '새로운 전쟁'에 대비하는 일 그 자체의 중요성이 낮아지지 않는다 하더라도 그것이 곧 '오래된 전쟁'에 대한 대비를 무시해도 좋다는 의미는 아니다. 이 점은 일본의 억지력을 둘러싼 논의에서도 중요한 논점이 된다.

## 벗어날 수 없는 핵의 굴레

둘째, 이번 전쟁은 핵 억지가 여전히 대국의 행동을 강하게 속박하고 있음을 명확하게 보여주었다. 이 책에서 거듭 묘사해온 것처럼 미국을 비롯한 서방 각국이 우크라이나에 대한 직접 개입은 물론 전차와 전투기 제공도 주저하는 배경에는 러시아의 핵전력에 대한 공포가 항상 존재하고 있다. 이 점은 러시아도 마찬가지이며 핵동맹인 나토와의 직접 충돌은 피할 수밖에 없으므로 '에스컬레이션 억지'를 위한 핵 사용을 단행할 수 없다.

핵무기가 인류 파멸을 초래하는 파괴력을 가지며 인류가 폭력에 대해 취약한 물리적 존재인 이상, 그 공포는 궁극의 억지력으로서 기능한다. 가상의 적국 모두가 핵보유국인 일본에도 이 사태는 남의 일이 아니다. 일미동맹에 의해 미국의 확대 억지(요컨대 '핵우산') 보호를 받고 있는 일본은 우크라이나와 같이 대국으로부터 직접 침략당할 개연성은 낮다. 그러나 대만은 이와 같은 보장을 못 받고 있다는 점에서 우크라이나와 비슷한 상황에 놓여 있다. 따라서 만약 대만에 비상사태가 발생할 경우, 일본의 역할은 폴란드와 비슷하며 피침략국에 군사원조를 제공하기 위한 병참 허브와 ISR(정보·감시·정찰) 지원을 위한 자산의 발진기지가 될 가능성이 높다.

이는 일본이 핵무기를 가진 침략국(대만 비상사태의 경우에는 중국)의 핵 공갈을 받는다는 것을 의미하기 때문에 일본이 이러한 역할을 할 것인가에 대해서 국민적인 논의가 필요하다. 그러나 현재는 이런 논의 자체가 없으므로 이대로 가면 장래 발생할 수 있는 군사적 위기 사태에 명확한 국민적 합의 없이 질질 끌려들어 갈 수도 있다.

## 주체적인 논의 필요성

셋째, 이 전쟁에 대해 '양쪽 다 나쁘다'고 양비론으로 평가해 버리고 끝내서는 안된다. 이 책에서 살펴본 바와 같이 젤렌스키는 결코 흠이 없는 리더는 아니며 바이든 정권도 (이제 와서 보자면) 러시아를 멈추게 하려고 모든 수단을 다했다고는 할 수 없다. 그러나 그래도 이 전쟁의 일차적인 책임은 러시아에 있다. 그 동기가 대국 간의 세력 균형에 대한 우려였는지 또는 푸틴의 민족주의적인 야망이었는지 모르겠지만 러시아가 일방적인 폭력을 행사한 쪽이라는 사실은 변하지 않는다. 개전 후에 일어난 많은 학살, 고문, 성폭력 등에 대해서는 더 언급할 필요도 없다.

이 점을 명확히 하지 않고 그저 전투만 멈추면 그것으로 '만사 해결'이라는 태도는 바람직하지 않다. 이는 우크라이나라는 나라가 놓여 있는 입장에 대한 도의적인 논의에 그치는 문제가 아니다. 일본이 전쟁에 말려 들 경우(또는 일본 주변에서 전쟁이 일어난 경우), 그대로 일본에도 똑같이 적용될 수 있는 문제이기 때문이다. 그러므로 일본은 이 전쟁을 자신의 일로 여겨 대국의 침략이 성공했다는 사례를 남기지 않도록 노력해야 한다. 군사원조는 어렵더라도 난민의 생활 지원, 도시 재건, 지뢰 제거 등 할 수 있는 일은 적지 않다.

제2차 러시아-우크라이나 전쟁 발발 후인 2022년 6월 나토는 「전략개념」을 12년 만에 개정했다. 앞 부분에는 '유럽과 대서양 공간은 더 이상 안전하지 않다'는 상황 인식에 대하여 서술되어 있는데(NATO, 2022.6.29), 이 점은 일본을 둘러싼 인도태평양 공간에도 해당한다. 거대한 전쟁이라는 현상은 역사 교과서 속에만 있는 것이 아니다. 일본이 그 같은 사태에 말려들었을 때 어떻게 할 것인가, 그렇게 되지 않기 위하여 무엇을 해야 할 것인가를 지금부터 진지하게 검토해야 한다.

물론 이에 대해 일본이 어떻게 대처할 것인가 하는 것은 또 다른 문제다. 비무장중립으로부터 현상 유지 또는 핵무장중립에 이르기까지 생각할 수 있는 옵션은 무수하게 많다(참고로 필자는 이중 어느 것에도 동의하지 않는다). 하지만 현재 일본은 이런 각각의 옵션들을 저울에 올려서 철저하게 검토하고 있는가? 그렇지 않다고 본다. 이렇게 필자 나름의 문제 제기를 하면서 이 책을 마무리하고자 한다.

후기

# 조그마한 이름을 위하여

'후기'를 쓰는 시간에는 독특한 해방감을 느끼곤 한다. 후기를 쓴다는 건 책 한 권을 다 썼다는 것을 의미하기 때문이다. 즉, 더 이상 방대한 자료를 읽고 논리를 구성하기 위해 머리를 짜내거나 한밤에 눈이 벌게질 때까지 키보드를 두드리지 않아도 된다(실제로는 원고를 끝내고 책이 만들어지기까지는 아직 많은 작업이 남아 있지만 그건 일단 그대로 두고).

다만 이 글을 쓰고 있는 2022년 9월 현재 이런 해방감은 좀 약하다. 전쟁은 지금도 예단할 수 없는 상태로 진행되고 있고 우크라이나군의 반격, 러시아의 부분 동원 실시 등의 사태가 현재진행형으로 계속되고 있기 때문이다. 현상 하나를 끝까지 파헤쳤다는 만족감은 별로 없고 미래에 대한 불투명감만 쌓여갈 뿐이다. 제2차 러시아-우크라이나 전쟁이라고 하면 마치 '러시아군'이나 '우크라이나군'이라는 이름의 거대한 전쟁 기계가 서로 치고받는 이미지를 떠올리기 쉽다. 거시적으로 보면 그렇지만 미시적인 시각으로 바라보면 거기에는 전혀 다른 풍경이 펼쳐진다.

전쟁에 동원되어 다루기도 익숙하지 않은 총을 쥐고 전선에 투입되는 병사들, 집을 잃거나 가족이 죽임을 당해 어찌할 바를 모르는 분쟁 지역 주민들, 더는 눈물도 흘릴 수 없는 수많은 사망자들, 이 전쟁은 이런 사람들을 지금도 계속 만들어 내고 있다. 그들의 이름은 나탈리아이기도 하고 이홀이기도 하며 세르게이이기도 하다. 태어날 때는 블라드미르였던 이름을 볼로디미르로 발음해야 하는 사람들도 있는가 하면 전사(戰士)로 불리는 사람들, 또는 이름조차 알 수 없고 번호만 매겨져서 매장되는 시신들도 있다.

이들 한 사람 한 사람의 이름을 이 책에서는 다루지 않았다. 이 책에 등장하는 이름은 군대와 국가지도부에 관련한 이름이 압도적으로 많은데 그것은 거시적인 관점에서 이 전쟁을 살펴보았기 때문이다. 러시아의 군사정책을 연구하는 일 자체가 거시적인 현상을 다룰 수밖에 없는 숙명이다.

다만 거듭 말하지만 이 전쟁에는 미시적인 현실이 존재한다. 그 대부분은 비극적인 현실이다. 그러한 이유에서 마지막으로 몇몇 조그마한 이름을 언급하고 싶다.

이루 다 불러줄 수 없는 수많은 조그마한 이름들에게 이 책을 바친다.

*

이 책은 치쿠마 쇼보의 야마모토 다쿠 씨의 권유로 세상에 나오게 되었다. 필자는 전황이 어느 정도 가닥이 잡힌 후에 쓰려고 했었는데 결과적으로 집필 작업을 하면서 이 전쟁에 대한 이해가 훨씬 커졌다. 깊이 감사드린다.

또 방위연구소의 야마조에 히로시 씨는 필자의 원고를 매우 꼼꼼하게 리뷰해주셨다. 덕분에 상세한 사실부터 논리적 정합성에 이르기까지 많은 오류와 개선점을 찾을 수 있었다. 물론 그래도 남아 있는 부족한 점은 모두 필자의 책임이다.

외무부의 외교 및 안전보장 조사연구사업비 보조금에 대해서도 언급하지 않을 수 없다. 필자를 포함한 여러 사람들이 2020년부터 이 제도의 도움으로 많은 연구를 할 수 있었으며 안전보장에 관한 지식과 전망을 쌓고 국제적인 네트워크를 구축할 수 있었다. 그 성과는 이 책에도 직간접적으로 반영되어 있으며 국비 지원을 받은 연구를 조금이라도 사회에 환원할 수 있었다고 자부한다.

마지막으로 아내 엘레나와 딸 아리사에게도 감사한다. 대학 업무와 연구 활동, 전쟁 때문에 미디어 출연이 갑자기 늘어난 데다가 책까지 쓰게 되는 등 일이 많아지면서 가족과의 시간을 많이 희생해야 했다. 그래도 매일 귀가가 늦은 필자를 기다려준 두 사람의 이해가 없었다면 이 책이 비교적 시의적절하게 출간될 수 없었을 것이다. 바라건대 모든 사람들이 이 전쟁에서 해방되어 우리 집에도 평온이 돌아오길 기원한다.

2022년 9월 고이즈미 유

## 참고 자료

<일본어 자료>

石津朋之. 2001.3. 「'軍事革命'の歴史について—'ナポレオン戦争'を中心に」 ≪戦史研究年報≫ 第4号.

ヴェリコヴィッチ, ブレット, クリストファー, S・スチュワート. 2018. 『ドローン情報戦 アメリカ特殊部隊の無人機戦略最前線』. 北川蒼 訳. 原書房 (原題: Brett Velicovich and Christopher S. Stewart, Drone Warrior. 2017. *An Elite Soldier's Inside Account of the Hunt for America's Most Dangerous Enemies*: Dey Street Books).

金成隆一. 2022.8.24. 「ウクライナがわざと壊した自国の空港—'これが決定的'司令官の回顧」. ≪朝日新聞≫. 〈https://digital.asahi.com/articles/ASQ8G6GFZQ5ZUHBI005.html〉.

国末憲人, 竹花徹朗. 2022.4.14. 「路上には隣人や幼なじみの遺体……ブチャの住民'ウクライナ系を選別'」. ≪朝日新聞≫. 〈https://digital.asahi.com/articles/ASQ4G4TYHQ4GUHBI00C.html〉.

倉井高志. 2022. 『世界と日本を目覚めさせたウクライナの'覚悟'』. PHP 研究所.

クラウゼヴィッツ, カール・フォン. 2021. 『戦争論 上』. 清水多吉 訳. 中公文庫.

クレフェルト, マーチン・ファン. 2011. 『戦争の変遷』. 石津朋之監 訳. 原書房 (原題: Martin van Creveld. 1991. *The Transformation of War*: The Free Press).

ゲヴォルクヤン, ナタリア, ナタリア・チマコワ, アンドレイ・コレスニコフ. 2000. 『プーチン, 自らを語る』. 高橋則明 訳. 扶桑社.

小泉悠. 2019. 『'帝国'ロシアの地政学—'勢力圏'で読むユーラシア戦略』. 東京堂出版.

小泉悠. 2021. 『現代ロシアの軍事戦略』. ちくま新書.

合六強. 2020.12. 「長期化するウクライナ危機と米欧の対応」. ≪国際安全保障≫. 第48巻 第3号.

坂口幸裕. 2022.2.16. 「米大統領直轄チーム, 対ロ機密を異例開示 侵攻抑止狙う」. ≪日本経済新聞≫.

佐原徹哉. 2022.7. 「アゾフ・ノート—ウクライナ戦争とパラミリタリー」. ≪国際武器移転史≫. 第14号 75~94頁.

ドルマン, エヴァレット・カール. 2016.『21世紀の戦争テクノロジー―科学が変える未来の戦争』桃井緑美子 訳. 河出書房新社(原題: Everett Carl Dolman. 2016. *Can Science End War?* Cambridge: Polity)

マクフォール, マイケル. 2020.『冷たい戦争から熱い平和へ―プーチンとオバマ, トランプの米露外交 下』. 松島芳彦 訳. 白水社(原題: Michael McFaul. 2019. *From Cold War to Hot Peace: The Inside Story of Russia and America*: Penguin Books).

真野森作, 三木幸治. 2022.5.5.「'ここは地獄だ'問答無用で射殺, 連日レイプ ブチャ市民らの証言」. ≪毎日新聞≫. 〈https://mainichi.jp/articles/20220505/k00/00m/030/100000c〉

ハワード, マイケル. 2021.『クラウゼヴィッツ'戦争論'の思想』. 奥山真司監 訳. 勁草書房(原題: Michael Howard. 2002. *Clausewitz: A Very Short Introduction*: Oxford University Press).

ルデンコ, セルヒー. 2022.『ゼレンスキーの素顔 真の英雄か, 危険なポピュリストか』. 安藤清香 訳. PHP 研究所.

CNN.co.jp. 2022.7.21.「米からウクライナに供与のロケット砲, ロシア軍の新たな問題に」〈https://www.cnn.co.jp/world/35190709-2.html〉.

<영어 자료>

ACLED, 〈https://acleddata.com/dashboard/#/dashboard〉.

Adamsky, Dmitry(Dima). "Nuclear Incoherence: Deterrence Theory and Non-Strategic Nuclear Weapons in Russia," *Journal of Strategic Studies*, Vol.37, No. 1, 2013, pp. 91-134.

Aza, Hibai Arbide and Miguel González. "US offered disarmament measures to Russia in exchange for deescalation of military threat in Ukraine," *EL PAÍS*, 2022. 2. 2. 〈https://english.elpais.com/usa/2022-02-02/us-offers-disarmament-measures-to-russia-in-exchange-for-a-deescalation-of-military- threat-in-ukraine.html〉.

Ball, Tom. "Putin 'purges' 150 FSB agents in response to Russia's botched war with Ukraine," *The Times*, 2022. 4. 11. 〈https://www.thetimes.co.uk/article/putin-purges-150-fsb-agents-in-response-to-russias-botched-war-with- ukraine-lf9k6tn6g〉.

Bartles, Charles K. *Dvornikov's Reforms: Tactical Training in the Southern Military District* (RUSI, 2022. 6. 9). 〈https://rusi.org/explore-our-research/publications/commentary/dvornikovs-reforms-tactical-training-southern-military-district〉.

*BBC*. "Ukraine war: Russia accuses US of direct role in Ukraine war," 2022. 8. 2. 〈https:// www.bbc.com/news/world-europe-62389537〉.

*BBC*. "Vice President Joe Biden's son joins Ukraine gas company," 2014. 5. 14, 〈https://www.bbc.com/news/blogs-echochambers-27403003〉.

Berkowitz, Bonnie and Artur Galocha. "Why the Russian military is bogged down by logistics in Ukraine," *Washington Post*, 2022. 3. 30. 〈https://www. washingtonpost. com/world/2022/03/30/russia-military-logistics-supply- chain/〉.

Biden Jr., Joseph R. "President Biden: What America Will and Will Not Do in Ukraine," *New York Times*, 2022. 5. 31. 〈https://www.nytimes.com/2022/05/31/opinion/biden-ukraine-strategy.html〉.

Borogan, Irina and Andrei Soldatov. *Putin Places Spies Under House Arrest* (Center for European Policy Analysis, 2022. 3. 11), 〈https://cepa.org/putin-places-spies-under-house-arrest/〉.

Bronk, Justin. *The Mysterious Case of the Missing Russian Air Force*(RUIS, 2022. 2. 28). 〈https://rusi.org/explore-our-research/publications/commentary/mysterious-case-missing-russian-air-force〉.

Budjeryn, Mariana and Matthew Bunn."Ukraine building a nuclear bomb? Dangerous nonsense," *Bulletin of the Atomic Scientists*, 2022. 3. 9. 〈https://thebulletin.org/2022/03/ukraine-building-a-nuclear-bomb-dangerous- nonsense/〉.

Bukkvoll, Tor. "Iron Cannot Fight – The Role of Technology in Current Rus- sian Military Theory," *Journal of Strategic Studies*, Vol. 34, No. 5, 2011, pp.681-706.

Cagan, Debra, John Herbest and Alexander Vershbow. "US must arm Ukraine now, before it's too late," *The Hill*, 2022. 8. 17. 〈https://thehill.com/opinion/national-security/3605064-us-must-arm-ukraine-now-before-its-too- late/〉.

Clarke, Michael. "Viewpoint: Putin now faces only different kinds of defeat," *BBC*, 2022. 5. 8. https://www.bbc.com/news/world-europe-61348287.

Cooper, Helene and Julian E. Barnes. "80,000 Russian Troops Remain at Ukraine Border as U.S. and NATO Hold Exercises," *New York Times*, 2021. 9. 1. 〈https://www.nytimes.com/2021/05/05/us/politics/biden-putin- russia-ukraine.html〉.

Demirjian, Karoun et al. "Trump ordered hold on military aid days before calling Ukrainian presi- dent, officials say," *Washington Post*, 2019. 9. 23. 〈https://www.washington post.com/national-security/trump-ordered-hold-on-military-aid-days-before-calling-ukrainian-president-officials-say/2019/09/23/df93a6ca-de38-11e9-8dc8- 498eabc129a0_story.html〉.

Durkalec, Jacek. *Nuclear-Backed 'Little Green Men:' Nuclear Messaging in the Ukraine Crisis* (Warsaw: The Polish Institute of International Affairs, 2015).

Élysée. *The President of the Republic spoke with the President of the United States, Mr. Joe BIDEN and the President of the Russian Federation, Mr. Vladimir PUTIN*, 2022. 2. 20. 〈https://www.elysee.fr/en/emmanuel- macron/2022/02/20/spoke-with-the-president-biden-and-the-president- poutine〉.

*EU vs DiSiNFO*. "Disinfo: An Ukrainian Drone Kills a 5 Year Old Child Near

Donetsk," 2021. 4. 12. https://euvsdisinfo.eu/report/an-ukrainian-drone-kills-a-5-years-old-child-near-donetsk.

Fink, Anya and Michael Kofman. *Russian Strategy for Escalation Management: Key Debates and Players in Military Thought* (Washington D.C.: CNA Corporation, 2020), 〈https://www.cna.org/CNA_files/PDF/DIM-2020- U-026101-Final.pdf〉.

Fiore, Nicolas J. "Defeating the Russian Battalion Tactical Group," *ARMOR*(Spring 2017), p. 12. 〈https://www.benning.army.mil/Armor/eARMOR/content/issues/2017/Spring/ARMOR%20Spring%202017%20edition.pdf〉.

Foreign, Commonwealth & Development Office and The Rt Hon Elizabeth Truss MP. *Kremlin plan to install pro-Russian leadership in Ukraine exposed*, 2022. 1. 22, 〈https://www.gov.uk/government/news/kremlin-plan-to-install-pro-russian-leadership-in-ukraine-exposed?itid=lk_inline_enhanced- template〉.

Galeotti, Mark. *Heavy Metal Diplomacy: Russia's Political Use of its Military in Europe since 2014, Policy Brief*, No. 200(December 2016). 〈https://ecfr.eu/wp-content/uploads/Heavy_Metal_Diplomacy_Final_2.pdf〉.

Grau, Lester W. and Charles K. Bartles. *Getting to Know the Russian Battalion Tactical Group*(The Royal United Services Institute for Defence and Security Studies(RUSI, 2022. 2. 14). 〈https://rusi.org/explore-our-research/publications/commentary/getting-know-russian-battalion-tactical-group〉.

*The Guardian*. "Ukraine crisis: Scholz heads to Kyiv amid fears invasion is imminent," 2022. 2. 14. 〈https://www.theguardian.com/world/2022/feb/14/ukraine-crisis-scholz-heads-to-kyiv-amid-fears-invasion〉.

Harding, Emily. *Scenario Analysis on a Ukrainian Insurgency* (CSIS, 2022. 2. 15). 〈https://www.csis.org/analysis/scenario-analysis-ukrainian- insurgency〉.

Harris, Shane, Karen DeYoung and Isabelle Khurshudyan. "The Post examined the lead-up to the Ukraine war. Here's what we learned," *Washington Post*, 2022. 8. 16. 〈https://www.washingtonpost.com/national-security/2022/08/16/ukraine-road-to-war-takeaways/〉.

Harris, Shane and Paul Sonne. "Russia planning massive military offensive against Ukraine involving 175,000 troops, U.S. intelligence warns," *Washing-ton Post*, 2021. 12. 3. 〈https://www.washingtonpost.com/national-security/russia-ukraine-invasion/2021/12/03/98a3760e-546b-11ec-8769-2f4ecdf7a2ad_ story.html〉.

Hoffman, Frank. *Conflict in the 21st Century: The Rise of Hybrid Wars*(Arlington: Potomac Institute for Policy Studies, 2007).

Hooker, Jr., Richard D. "A no-fly zone over Ukraine? The case for NATO doing it," *New Atlanticist*, 2022. 3. 18, 〈https://www.atlanticcouncil.org/blogs/new-atlanticist/a-no-fly-zone-over-ukraine-the-case-for-nato-doing-it/〉.

The International Institute for Strategic Studies(IISS). *The Military Balance 2022* (London: Routledge, 2022).

*Janes*. "Russia builds up forces on Ukrainian border," December 2021, 〈https://www.politico.com/f/?id=0000017d-a0bd-dca7-a1fd-b1bd6cb10000〉.

Kaldor, Mary. *New and Old Wars: Organized Violence in a Global Era*, 3rd Edition (Cambridge: Polity Press, 2012).

Kaplan, Fred. *The Bomb: Presidents, Generals, and the Secret History of Nuclear War*(New York: Simon & Schuster, 2020).

Kimmage, Michael and Maria Lipman. "Putin's Hard Choices." *Foreign Affairs*, 2022. 5. 31. 〈https://www.foreignaffairs.com/articles/russian-federation/2022-05-31/putins-hard-choices〉.

Kipp, Jacob. "Russia's Nonstrategic Nuclear Weapons," *Military Review*(May-June 2001), 〈https://community.apan.org/wg/tradoc-g2/fmso/m/fmso- monographs/243754〉.

Knox, MacGregor and Williamson Murray. "Thinking about Revolutions in Warfare," MacGregor Knox and Williamson Murray, eds. *The Dynamics of Military Revolution*, 1300-2050 (New York: Cambridge University Press, 2001).

Kroenig, Matthew. "Facing Reality: Getting NATO Ready for a New Cold War," *Survival*, Vol. 57, No. 1(February-March 2015), pp. xx-xx.

Kumar, Deepak. *Early Military Lessons from Russia's Special Military Operation in*

*Ukraine*(Manohar Parrikar Institute for Defence Studies and Anal- yses, 2022. 3. 28). 〈https://www.idsa.in/system/files/issuebrief/ib-russias-special-military-operation-dkumar.pdf〉.

Lemon, Jason. "Ukraine HIMARS Destroy More Than 100 'High Value' Russian Targets: Official," *Newsweeek*, 2022. 7. 22. 〈https://www.newsweek.com/ukraine-himars-destroy-high-value-russian-targets-1727253〉.

Lillis, Katie Bo and Natasha Bertrand. "US war-gamed with Ukraine ahead of counteroffensive and encouraged more limited mission," *CNN*, 2022. 9. 1. 〈https://edition.cnn.com/2022/08/31/politics/ukraine-us-wargames-counteroffensive/index.html〉.

Lind, William S, Keith Nightengale, John F Schmitt, Joseph W Sutton, Gary I Wilso. "The Changing Face of War: Into the Fourth Generation," Marine Corps Gazette Vol. 73, No. 10(October 1989), pp. 22-26.

Lubold, Gordon, Michael R. Gordon and Yaroslav Trofimov. "U.S. Warns of Imminent Russian Invasion of Ukraine With Tanks, Jet Fighters, Cyberat- tacks," *The Wall Street Journal*, 2022. 2. 18. 〈https://www.wsj.com/articles/ukraine-troops-told-to-exercise-restraint-to-avoid-provoking-russian-invasion-11645185631〉.

Mackinnon, Amy, "Russia's Wagner Group Doesn't Actually Exist," *Foreign Policy*, 2021. 7. 6, 〈https://foreignpolicy.com/2021/07/06/what-is-wagner-group-russia-mercenaries-military-contractor/〉.

McFate, Sean. *The New Rules of War: Victory in the Age of Durable Disorder* (New York: William Morrow, 2019).

Miller, Greg and Catherine Belton. "Russia's spies misread Ukraine and misled Kremlin as war loomed," *Washington Post*, 2022. 8. 19. 〈https://www.washingtonpost.com/world/interactive/2022/russia-fsb-intelligence-ukraine- war/〉.

NATO. *NATO 2022 Strategic Concept*, 2022. 6. 29. 〈https://www.nato.int/nato_static_fl2014/assets/pdf/2022/6/pdf/290622-strategic-concept.pdf〉.

NATO. *Founding Act on Mutual Relations, Cooperation and Security between NATO and the Russian Federation signed in Paris, France*, 1997. 5. 27. 〈https://www.nato.int/cps/en/natohq/official_texts_25468.htm〉.

*The New Voice of Ukraine*. "Foreign Minister Dmytro Kuleba: No matter how difficult it may be, we cannot give up," 2022. 3. 16. 〈https://english.nv.ua/nation/foreign-minister-dmytro-kuleba-no-matter-how-difficult-it-may-be-we-cannot-give-up-50225539.html〉.

O'Brien, Phillips Payson and Edward Stringer. "The Overlooked Reason Russia's Invasion Is Floundering," *The Atlantic*, 2022. 5. 10. 〈https://www.theatlantic.com/ideas/archive/2022/05/russian-military-air-force-failure- ukraine/629803/〉.

Office of the United Nations High Commissioner for Human Rights(OHCHR). *Conflict-related civilian casualties in Ukraine*(2022). 〈https://ukraine.un.org/en/download/96187/168060〉.

OHCHR. *Report on the human rights situation in Ukraine 16 November 2015 to 15 February 2016*. 〈https://www.ohchr.org/sites/default/files/Documents/Countries/UA/Ukraine_13th_HRMMU_Report_3March2016.pdf〉.

OHCHR. *Conflict-Related Sexual Violence in Ukraine 14 March 2014 to 31 January 2017*. 〈https://www.ohchr.org/sites/default/files/Documents/Countries/UA/ReportCRSV_EN.pdf〉.

Peuchot, Emmanuel. "Mother Remembers 'Brutal' Soldiers Who Terrorised Bucha," BARRON'S, 2022. 4. 5. 〈https://www.barrons.com/news/mother- remembers-brutal-soldiers-who-terrorised-bucha-01649212207〉.

Pifer, Steven. "Why care about Ukraine and the Budapest Memorandum," *ORDER FROM CHAOS*, 2019. 12. 5. 〈https://www.brookings.edu/blog/order-from-chaos/2019/12/05/why-care-about-ukraine-and-the-budapest- memorandum/〉.

Ponomarenko, Illia. "Why Ukraine struggles to combat Russia's artillery superiority," *The Kyiv Independent*, 2022. 8. 12. 〈https://kyivindependent.com/national/why-ukraine-struggles-to-combat-russias-artillery-superiority〉.

Quinn, Leanne. "Russia Calls Meeting of Biological Weapons Convention," *ARMS*

*CONTROL TODAY*(September 2022). 〈https://www.armscontrol.org/act/2022-09/news/russia-calls-meeting-biological-weapons-convention〉.

Radin, Andrew, et. al. *The Future of the Russian Military: Russia's Ground Combat Capabilities and Implications for U.S.-Russia Competition* (Santa Monica: RAND Corporation, 2019).

*Reuters*. "Russia has sent some 30,000 combat troops, modern weapons to Belarus, NATO says," 2022.2.3. 〈https://www.reuters.com/world/europe/russia-has-sent-some-30000-combat-troops-modern-weapons-belarus-nato- says-2022-02-03/〉.

Rondeaux, Candace, Ben Dalton and Jonathan Deer. "Wagner Group Contingent Rusich on the Move Again," *NEW AMERICA*, 2022. 1. 26. 〈https://www.newamerica.org/future-frontlines/blogs/wagner-group-contingent- rusich-on-the-move-again/〉.

Sabbagh, Dan. "Putin involved in war 'at level of colonel or brigadier', say western sources," *The Guardian*, 2022. 5. 16. 〈https://www.theguardian.com/world/2022/may/16/putin-involved-russia-ukraine-war-western-sources〉.

Salama, Vivian. "Ukraine's Defense Minister Says It Has 'Passed Test' on New U.S. Guided Rockets, Needs More," The Wall Street Journal, 2022. 7. 10. 〈https://www.wsj.com/articles/ukraines-defense-minister-says-it-has-passed-test-on-new-u-s-guided-rockets-needs-more-11657455388〉.

Savage, Charlie, Adam Goldman and Eric Schmitt. "U.S. Will Give Terrorist Label to White Supremacist Group for First Time," *New York Times*, 2020. 4. 6. 〈https://www.nytimes.com/2020/04/06/us/politics/terrorist-label-white-supremacy-Russian-Imperial-Movement.html〉.

Smith, Rupert. *The Utility of Force: The Art of War in the Modern World* (UK: Penguin Books, 2005).

Sokov, Nikolai N. "Why Russia calls a limited nuclear strike "de-escalation," *Bulletin of the Atomic Scientists*, 2014. 3. 13. 〈https://thebulletin.org/2014/03/why-russia-calls-a-limited-nuclear-strike-de-escalation/〉.

Soldatov, Andrei and Irina Borogan. *The Red Web: The Struggle Between Russia's*

*Digital Dictators and the New Online Revolutionaries* (New York: Public Affairs, 2015).

Sonne, Paul, Robyn Dixon and David L. Stern. "Russian troop movements near Ukraine border prompt concern in U.S., Europe," *Washington Post*, 2021. 10. 30. 〈https://www.washingtonpost.com/world/russian-troop-movements-near-ukraine-border-prompt-concern-in-us-europe/2021/10/30/c122e57c-3983-11ec-9662-399cfa75efee_story.html〉.

Trofimov, Yaroslav and Matthew Luxmoore. "Ukraine's Zelensky Says a Cease-Fire With Russia, Without Reclaiming Lost Lands, Will Only Prolong War," *The Wall Street Journal*, 2022. 7. 22. 〈https://www.wsj.com/articles/ukraines-zelensky-says-a-cease-fire-with-russia-without-reclaiming-lost-lands-will-only-prolong-war-11658510019〉.

Tsypkin, Mikhail. "The Russian Military, Politics and Security Policy in the 1990s," Michael H. Crutcher, ed., *The Russian Armed Forces at the Dawn of the Millennium* (Carlisle: U.S. Army War College, 2000).

Vershinin, Alex. "Feeding the Bear: A Closer Look at Russian Army Logistics and the Fait Accompli," *WAR ON THE ROCKS*, 2021. 11. 23, 〈https://warontherocks.com/2021/11/feeding-the-bear-a-closer-look-at-russian-army- logistics/〉.

Watling, Jack. *The Ukrainian Offensive Must Come in Stages* (RUSI, 2022. 9.2), 〈https://rusi.org/explore-our-research/publications/commentary/ukrainian-offensive-must-come-stages〉.

Weiss, Andrew S. "Trump's Confused Russia Policy Is a Boon for Putin," *POLITICO MAGAZINE*, 2019. 6. 25. 〈https://www.politico.com/magazine/story/2019/06/25/trump-putin-russia-weiss-227205/〉.

Wetzel, Tyson and Barry Pavel. *What are the Risks and Benefits of US/ NATO Military Options in Ukraine?* 2022. 3. 9. 〈https://www.atlanticcouncil.org/wp-content/uploads/2022/03/Risks_and_Benefits_Ukraine.pdf〉.

Whisler, Greg. "Strategic Command and Control in the Russian Armed Forces:

Untangling the General Staff, Military Districts, and Service Main Commands(Part Three)," *The Journal of Slavic Military Studies*, Vo. 33, No. 2(2020).

The White House. *Joint Statement by the United States and Ukraine*, 2014. 3.25. 〈https://obamawhitehouse.archives.gov/the-press-office/2014/03/25/joint-statement-united-states-and-ukraine〉.

<러시아어 및 기타 언어 자료>

Барабанов, Михаил, Константин Макиенко, Руслан Пухов. *Военная реформа: на пути к новому облику Российской Армии* (Москва: Валдай Международный Дискуссионный клуб, 2012).

Баунов, Александр, Вот такой вышины. В чем опасности нового контракта народа и власти (Московский Центр Карнеги, 2015. 6. 3). <https://carnegiemoscow.org/commentary/60307>.

Взгляд. "Мединский заявил о предложенном Киевом австрийском или шведском варианте государства," 2022. 3. 16. <https://vz.ru/news/2022/3/16/1148826.html>.

Военно-промышленный курьер. "Обеспечение безопасности страны–работа многоплановая: Ныне против государств соперники в перву ю очередь использу-ют отнюдь не средства вооруженной борьбы," No. 3 (420), 2012. 1. 25. <https://vpk-news.ru/articles/8568>.

Гареев, Махмут. "Мобилизация умов : Наши руководители должны коренным образом изменить отношение к науке," *Военно-промышленный курьер*, No. 12 (676)(2017. 3. 29). <https://vpk-news.ru/articles/ 35876>.

Гареев, М. А. *Если завтра война?...: Что изменится в характере вооруженной борьбы в ближайшие 20-25 лет* (Москва : ВлаДал, 1995).

Громова, Анна. "'Ваш ответ разочаровал': МИД опубликовал переписк у Лаврова с коллегами из Германии и Франции," *Газета*, 2021. 11. 17.

<https://www. gazeta.ru/politics/2021/11/17_a_14214985.shtml>.

Ze!Team.info. "Зеленский о войне на Донбассе: Хоть с чертом лысым готов договориться," *Украинская правда*, 2018. 12. 26. <https://www.pravda.com.ua/rus/news/2018/12/26/7202291/>.

*International Politics and Society*. "Некоторые факты заставляют усомниться, что это исключительно игра мускулами," 2021. 4. 20. <https://www.ipg-journal.io/intervju/nekotorye-fakty-zastavljajut-usomnitsja-chto-ehto-iskljuchitelno- igra-muskulami-1283/>.

Карнаухов, Антони, Вячеслав Целуйко. "Военная доктрина России и ее Вооруженных сил. Теория и реальность," *Новая армия России*(Москва: Центр анализа стратегий и технологий, 2010).

Картаполов, А. В. "Доклад Уроки конфликтов, перспективы развития средств и способов их ведения," *Вестник академии военных наук*, Vol. 51, No. 2(2015), pp. 26-36.

Коваленко, Елена. "Генштаб РФ готовит скрытую мобилизацию – военный эксперт," *УНИАН*, 2022. 5. 7. <https://www.unian.net/war/voyna-v-ukraine-vrag-gotovit-skrytuyu-mobilizaciyu-novosti-vtorzheniya-rossii-na-ukrainu-11816952.html>.

Conflict Intelligence Team. *Техника Восточного военного округа едет на Запад*, 2022. 1. 12. <https://tinyurl.com/huaxmuwf>.

Коренев, Евгений. "Эксперт объяснил, как новая Военная доктрина Союзного государства изменит стратегию России и Беларуси," *Евразия Эксперт*, 2022. 2. 17, <https://eurasia.expert/kak-novaya-voennaya-doktrina-soyuznogo-gosudarstva-izmenit-strategiyu-rossii-i-belarusi/>.

Коротков, Денис. "Они сражались за Пальмиру," *Фонтанка.ру*, 2016. 3. 29. <https://www.fontanka.ru/2016/03/28/171/>.

Левшин, В. И. А., В. Неделин, М. Е. Сосновский. "О применении ядерного оружия для деэскалации военных действий," *Военная мысль*, No. 3

(1999), pp. 34-47.

Лелич, Милан. “Давид Арахамия: Нам очень близка концепция ‘укрепленного нейтралитета’,” *РБК Украина*, 2022. 3. 30. <https://www.rbc.ua/rus/news/david-arahamiya-nam-blizka-kontseptsiya-ukreplennogo-1648628536.html>.

ЛИГА.НОВИНИ. “Народный депутат Украины Андрей Деркач руководил российской агентурной сетью–СБУ,” 2022. 6. 24. <https://news.liga.net/politics/news/narodnyy-deputat-ukrainy-rukovodil-rossiyskoy-agenturnoy-setyu-sbu>.

Лумов, В. И., и Н. П. Багмет. “К вопросу о ядерном сдерживании,” *Военная мысль*, No. 6(2002), pp. 19-26.

Мамонтов, Владимир. “Меняется Россия, меняется и ее военная доктрина,” *Известия*, 2009. 10. 14. <https://iz.ru/news/354178>.

Медведев, Дмитрий. “Почему бессмысленны контакты с нынешним украинским руководством,” *Коммерсантъ*, 2021. 10. 11. <https://www.kommersant.ru/doc/5028300>.

*Meduza*. “Путин принимал в Кремле командира российских наемников. Что о нем известно ?” 2016. 12. 15. <https://meduza.io/feature/2016/12/15/putin-prinimal-v-kremle-komandira-rossiyskih-naemnikov-chto-my-o-nem-znaem.>

*Meduza*. “Источник ‘Медузы’: в армию собираются призвать 1, 2 миллиона человек,” 2022. 9. 23. <https://meduza.io/feature/2022/09/23/istochnik-meduzy-v-armiyu-sobirayutsya-prizvat-1-2-milliona-chelovek>.

Министерство иностранных дел Российской Федерации(МИД России). *Agreement on measures to ensure the security of The Russian Federation and member States of the North Atlantic Treaty Organization*, <https://mid.ru/ru/foreign_policy/vnesnepoliticeskoe-dos-e/dvustoronnie-otnosenij-rossii-s-inostrannymi-gosudarstvami/rossia-nato/1790803/?lang=en>.

МИД России. *Выступление главы делегации Российской Федерации К. В. Во-ронцова на консультативном совещании государств-участ ников Конвенции о запрещении биологического и токсинного ору жия (КБТО) по статье V КБТО, 9 сентября 2022 года,* 2022. 9. 13. <https://www.mid.ru/ru/foreign_policy/international_safety/disarmament/drugie_vidy_omu/biologicheskoe_ i_toksinnoe_oruzhie/1829589/>.

МИД России. *Заявление МИД России о членстве Швеции в НАТО,* 2022. 5. 16. <https://mid.ru/ru/foreign_policy/news/1813545/>.

МИД России. Заявление МИД России о членстве Финляндии в НАТО, 2022. 5. 12. <https://mid.ru/ru/foreign_policy/news/1812971/>.

Мухин, Владимир. "В Белоруссии скоро появятся российские атомные бомбы," *Независимая газета,* 2021. 11. 7. <https://www.ng.ru/armies/2021-11-07/2_8294_belorussia.html>.

Мухин, Владимир. "Резервистам объявят сбор в сентябре," Независимая газета, 2021. 8. 15. <https://www.ng.ru/armies/2021-08-15/2_8225_mukhin.html>.

Никулин, Виталий. "Цели первого этапа: как ВС РФ решают поставле нные на Украине задачи," *Звезда,* 2022. 3. 27. <https://tvzvezda.ru/news/20223272229-U3K0Z.html>.

Офис Президента Украины. *Украина должна иметь коллективный договор безопасности со всеми соседями при участии ведущих государств мира-Прези-дент,* 2022. 3. 8. <https://www.president.gov.ua/ru/news/ukrayina-povinna-mati-kolektivnij-dogovir-bezpeki-zi-vsima-s-73433>.

Попов, И. М. и М. М. Хамзатов. *Война будущего: концептуальные осн овы и практические выводы*(Москва: Кучково поле, 2018).

Попов, Игорь. "Война-это мир-по Оруэллу: Новый характер вооруженной борьбы в современной эпохе," *Независимое военное обозрение,* 2014. 4. 11. <https://nvo.ng.ru/nvo/2014-04-11/1_war.html>.

Попов, Игорь. “Матрица войн современной эпохи : Здравому смыслу мешает инерция мышления,” *Независимое военное обозрение*, 2013. 3. 22. <https://nvo. ng.ru/concepts/2013-03-22/7_matrix.html>.

Путин, Владимир. *Об историческом единстве русских и украинце*, 2021. 7. 12. <http://kremlin.ru/events/president/news/66181>.

Путин, Владимир. “Новый интеграционный проект для Евразии—будущее, которое рождается сегодня,” *Известия*, 2011. 11. 3. <https://iz.ru/news/502761?page=1>.

Рамм, Алексей. “Губернаторов, ФСБ и полицию в случае войны подчи нят военным,” *Известия*, 2016. 10. 16. <https://iz.ru/news/637442>.

*TACC*. “Путин: биолаборатории США на Украине по сути вели разработку биологического оружия,” 2022. 3. 16. <https://tass.ru/politika/14636173>.

*TACC*. “МО РФ сообщило о разрабатываемом на Украине биологическом оружии при финансировании США,” 2022. 3. 6. <https://tass.ru/armiya-i-opk/13987899>.

*Украинская правда*. “Обмен пленными. Как Зеленский договорился с Путиным об освобождении заложников Кремля,” 2019. 9. 7. <https://www.pravda.com. ua/rus/articles/2019/09/7/7225631/>.

*Украинская правда*. “Зеленский о войне на Донбассе: Хоть с чертом л ысым готов договориться,” 2018. 12. 26. <https://www.pravda.com.ua/rus/news/2018/12/26/7202291/>.

*Украинская правда*. “Шуфрич рассказал, кто уполномочил Медведчук а на переговоры,” 2014. 6. 25. <https://www.pravda.com.ua/rus/news/2014/06/25/ 7030123/>.

*ФЕЙГИН LIVE*. “День семьдесят седьмой. Беседа с @Alexey Arestovych Алексей Арестович,” 2022. 5. 12. <https://www.youtube.com/watch?v=OcSdqg6bLPA>.

Фонд Егора Гайдара. *Президенту РФ В. В. Путину - Е. Т. Гайдар. О резу льтатах исследования ИЭПП с привлечением экспертов Государственной Думы и Академии Военных Наук по проблемам реформирования системы комплекто-вания вооруженных сил РФ. Приложение №1. Замысел и план действий,* 2001.7.18. <http://gaidar-arc.ru/file/bulletin-1/DEFAULT/org.stretto.plugins.bulletin.core.Article/file/4282>.

Чекинов, С. Г. и С. А. Богданов. "Влияние непрямых действий на характер современной войны," *Военная мысль*, No. 6(2011), pp. 3-13.

Чекинов, С. Г. "Прогнозирование тенденций военного искусства в начальном периоде XXI века," *Военная мысль*, No. 7(2010), pp. 19-33.

Чивокуня, Виктор. "Кризис Виктора Медведчука," *Украинская правда*, 2007. 6. 20. <https://www.pravda.com.ua/rus/articles/2007/06/20/4420161/>.

Ямшанов, Борис. "Если завтра война," *Российская газета*, 2010. 4. 9.

# 우크라이나 전쟁의 해부

**초판 1쇄 발행** 2023년 9월 7일 | **지은이** 고이즈미 유 | **옮긴이** 김영배
**기획** 김유 | **편집** 반기훈 | **펴낸이** 반기훈 | **펴낸곳** ㈜허클베리미디어
**출판등록** 2018년 8월 1일 제 2018-000232호
**주소** 06300 서울특별시 강남구 남부순환로378길 36 401호 | **전화** 02-704-0801
**홈페이지** huckleberrybooks.com | **이메일** hbrrmedia@gmail.com
ISBN 979-11-90933-23-0 03390

※ 허클베리북스는 (주)허클베리미디어의 출판 브랜드입니다.

※ 책값은 겉표지에 표시되어 있습니다.